在職場勝出的

100句話

AS A WINNER IN
MY CAREER

葉瑋群　著

從心出發，
一定要成為
職場達人！

推薦序
Recommended sequence

　　人際關係良好不一定能成功，但人際關係不好肯定不會成功：關鍵，就在於溝通。特別是在現今的社會裡，無論是為人處事、待人接物或是解決疑難問題，只顧自己說話，卻不懂得雙向溝通的人愈來愈多，如果大家在互動時，都能站在對方的立場，多多為別人想一想，相信可以化解很多不必要誤解。

　　有人說成功與幸福就長在嘴巴上，在職場上有較高成就的人，亦或是在人際關係中處處受歡迎的人，都有一個共同特點，就是優質的溝通表達。

　　如果你有求於人，又不懂得做好人際溝通，怎能說服別人心甘情願的幫你？如果與客戶互動，連幾句投其所好的話都不會說，又怎能給客戶留下好印象，並進一步購買您的商品呢？

　　在職場隨時奉上好聽而得體的話，會深得上司、同仁們的喜愛，但願透過好友瑋群『從職場勝出的100句話』這本新書，大家都能有所收穫與體認，最後祝福閱讀此書的朋友們，職場上都能勝出、更懂得如何與他人溝通，並溝通出和諧與快樂的人生。

銷售女王、暢銷書作家　張秀滿

獲悉瑋群摯友『從職場勝出的100句話』新書即將付梓，我的內心難掩興奮之情。與瑋群認識多年來，他留給我的深刻印象總是笑臉迎人，面對初次見面的朋友，他都能立即放下身段，謙卑地與對方零距離交談，仿佛彼此間早已認識許久，這種善於與人相處溝通的人格特質，也是他能有傑出成就的原因之一，更是他不斷有貴人相助的成功明證。

　　『知己知彼、百戰百勝』，對於每天在職場兢兢業業，努力不懈的我們，要如何面對客戶、面對主管及面對同事，才能在競爭的職場盡情發揮，受客戶肯定、受主管信任重用、受同儕歡迎，成為職場上的常勝軍，除了得先了解自己，找到自己專長定位外，還得不斷學習如何與人溝通。

　　『從職場勝出的100句話』是瑋群在實務界累積近三十年工作經驗；與心得所完成的一本書，也是針對在職者所設計完整實用的職場生存工具書。這本書，以淺顯易懂的方式，有系統地告訴您，如何在職場用對方法來面對他人，讓您能一目了然，融會貫通在職場的實務中。

　　此書內容扎實，更貼近生活，它沒有言情小說的衝突情節，但有職場中一般人未察覺到的盲點，讓您讀後能深入省思，了解自己、強化自己，進而讓你懂得如何即時面對調整，重新出發。

華視透早講新聞主播　羅瑞誠

前言
Foreword

『說對話，無價！說錯話，得付出代價！』會說話的人處處逢迎，不會說話的人，處處碰壁，說話是一門學問，需要不斷修煉精進，時時惕勵自己，說話也是一門藝術，並沒有完全一致的應對模式。

有一項針對成功人士所具有的人格特質調查顯示：第三名是實踐知識的能力，第二名是自信負責的態度，第一名是良好的人際關係，可見，人際關係在成功之路所扮演的角色，而要擁有良好的人際關係，學會優質的溝通技巧是必要的手段。

說話也不單純是辭彙用語而已，最重要的是還包括了個人內在態度所展現出的肢體動作，以及情緒所直接影響的聲音語調，都是語言溝通的一部份。

『人脈就是錢脈』，這句話雖庸俗，卻是難以推翻的事實，而好人脈需要好人緣，好人緣則是需要好的溝通能力。

筆者長期從事教育訓練工作，發現人際溝通絕對是門大學問，更體悟出當您真正學會溝通時，人生百分之八十的問題，就可以輕鬆獲得解決。

　　而其他百分之二十的問題，自然得以順利化解，因此出版了『從職場勝出的100句話』一書，集結了四十五篇文章，均是自己和週遭實際案例編寫而成。

　　內容涵蓋各行各業，及不同職務層級；從職場如何說對話的應對技巧、如何處事的待人接物，到領導者的經營管理全都收進本書，且每篇文章均勾勒出應對時的優缺點，並告訴讀者們可以更好的地方，值得大家細細品味。

　　最後，預祝閱讀本書所有朋友們，能都說好話、說對話、進而做對事為自己人生與職場加分。

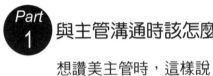

Contents 目錄

Contents 目錄

Part 1

與主管溝通時該怎麼說？

想讚美主管時，這樣說

01 有您領導，我們很放心

02 經理，你好厲害喔

03 謝謝總經理，讓我學到寶貴的一課

想感謝主管時，這樣說

01 感謝董事長為我做的一切

02 更感謝經理給我的指導與協助

03 謝謝董事長給我的信賴與肯定

04 謝謝你建議我撥這通電話

想拒絕主管時，這樣說

01 但今天工作量太大了，晚上想早一點休息

02 這段時間工作排滿，有點超過我的能力了

與主管互動時，這樣說

01 我想知道為什麼會是這樣的結果，好讓我多學習學習

02 請再告訴我怎麼做，下次我會知道的

03 這任務雖然有些挑戰，我還是很樂意接受

04 是不是需要調整一下方法 ，不然都在白費心思

05 以增加A級客戶數，會盡全力達成目標的

06 您的表現一直是有目共睹的

01 有您領導，我們很放心

花澆的是冷水，人需要被讚美，無論什麼年紀、什麼角色，當有所表現時，都喜歡得到別人讚賞。讚賞別人也是打破藩籬、拉近彼此間距離的一帖妙藥。

刁凰莉是外商公司執行長，自我要求甚高的刁副總始終不苟言笑，業績壓力使她兢兢業業、一板一眼的工作態度，讓屬下心生畏懼，喘不過氣來，在員工心目中是個極嚴厲的主管。平常上班穿著都沒什變化，一律以深色套裝為主，穿著打扮更加深跟屬下間的距離感，可謂是個職場女強人。

某日上班時，員工見刁副總一改以往而身穿裙裝，同事個個面面相覷，目瞪口呆，隨著刁副總身影消失，有人低聲脫口而出「是不是有好消息了？」卻換來更寂靜的氛圍，接著大家如平常的埋頭工作。

　　隨後刁副總約見業務部梁經理，並詢問：「QV公司對我們提供的產品有何回應？」梁經理肯定的口吻回應：「他們已經下訂了，對產品的選擇**副總常做正確判斷，所以能得到顧客的青睞，有您領導，我們很放心。**」並轉換語氣小心的說：「同時我要告訴副總，**您今天好漂亮，整體的穿搭很有特色，我很佩服副總有這樣眼光。**」

　　刁副總不改本色，對於梁經理的讚美一抹微笑輕輕帶過。接著約見財務部秦經理，並詢問：「公司加薪計畫進展如何？下週我還要跟董事長報告。」秦經理呈上一疊資料：「這是整個加薪後的試算表，請副總看看。」

　　刁副總：「今年績效很好，這是我為大家爭取的籌碼，希望董事會很快通過，明年大家都能加薪。」秦經理感謝著說：「**副總平時雖然嚴肅、嚴格，但很照顧員工，一直為公司、為同仁著想，卻常常忽略了自己。**」「我還要告訴副總，**您今天跟平常不一樣，這樣穿很有喜氣。**」刁副總不發一語，輕輕點點頭。

　　送走秦經理，刁副總轉頭叮嚀史秘書：「今晚祝賀的花籃送了沒？」史秘書肯定的說：「**我都遵照副總指示，這些紅白帖一到手立刻處理好，不管時間還要多久**，然後前一天

或當天早上再追蹤一次，免得有所遺漏，**我覺得這是一個很好的工作習慣。**」

「另外有件事報告副總，我發現同仁都在談論副總今天的打扮，都說很難得看到副總這樣穿著，他們都在猜測……。」刁副總故意問著：「猜測什麼？」史秘書支支唔唔不敢回答，刁副總不為難她，並請史秘書跟她過來。

走到辦公區大聲的對大家說：「請各位同仁不用亂揣測，今天我這身穿著，是晚上要代表公司參加客戶公子的婚宴，為的是替公司做公關，大家不用想太多。最近大家表現的很棒，晚上我吃喜酒，下午我先請大家喝飲料。」

語畢，大家齊聲說：「謝謝副總。」悶騷的同事禁不住而戲謔說出：「這麼難得。」頓時氣氛凝重，同事們都傻眼了。

刁副總難得語氣幽默的說出：「就像我今天這身打扮一樣，很難得，可以嗎？」語出化解了尷尬，引起全體同仁大笑，刁副總馬上補上一句：「這樣大家可以安心工作了吧！」

溝通密碼

　　刁副總處事明快，不希望自己的改變，引起大家揣測，產生無謂的耳語，影響同仁工作心情，放下身段直接向大家說明，並藉機展現自己幽默的一面，值得大家借鏡仿效。

溝通
小訣竅

　　梁經理肯定的口吻回應：「**副總常做正確判斷，所以能得到顧客的青睞，有您領導，我們很放心。**」也可這樣說：「副總一直是我佩服的人，跟著您就對了！」或「副總的能力大家有目共睹，跟您工作我學到好多。」

　　秦經理說：「**副總很照顧員工，一直為公司、為同仁著想，卻常常忽略了自己。**」也可這樣說：「副總一直為工作努力打拼，偶而也要為自己多想想。」或「副總為工作付出很多，也要找時間多休息休息。」

　　另外這些讚美的話，「**您今天好漂亮，整體的穿搭很有特色，我很佩服副總有這樣眼光**」「我還要告訴副總，您今天跟平常不一樣，這樣穿很有喜氣」「我都遵照副總指示，這些紅白帖一到手立刻處理好，不管時間還要多久，我覺得這是一個很好的工作習慣」，都可以拉近與主管的距離，讓辦公氣氛更融洽。

02 經理，你好厲害喔！

業務人員先做再說，未周全思考的特性比比
皆是，通常比較會遺忘公司規章，然後依個
人過去經驗行事，所以跟行政部門的衝突不
斷產生。

朱雅婷是負責中部分公司帳務的會計，一向謹守份際，
按公司規定行事，由於資歷尚淺，處事還不夠圓融，業務上
偶有紛爭，但是，她是一個聽話負責的好員工，兢兢業業的
任事，深得主管的喜歡。

月初，朱雅婷收到分公司送回的營業發票與支出帳單，
細細審理，大體上沒有任何問題，唯有一項零用金支出有
爭議，單據上顯示購買的品項為咖啡機，支出金額為9,990
元，另購買了咖啡豆乙包1,500元。

在公司的規定裡，零用金只能購買日常消耗性用品，咖

啡機為固定資產，須透過申請核可，才准予購買，同時要視為分公司資產，需列冊管理，列入移交。

朱雅婷去電分公司說明：「祝主任不好意思，咖啡機不能使用零用金做支出，我會把該筆發票退回去給你。」祝主任無辜的回應：「我們都已經在使用了，不通過會很麻煩ㄋㄟ。幫幫忙吧！就蓋個章而已。」「**不行，就是不行，那是公司規定。**」

掛完電話後，祝主任立刻轉身稟報上司，上司池經理是公司的資深幹部，馬上去電會計部，質問並動怒的說：「連經理，我們買的咖啡機為什麼不能報帳？以前我在南部分公司就可以，為什麼現在不行？」連經理一頭霧水，表示了解後會去電。

掛掉電話後，連經理詳細詢問了朱雅婷事情的來龍去脈，並對朱雅婷肯定的說：「**妳有做好妳份內的工作，很棒，後續就交給我來處置。**」朱雅婷無辜的說：「明明知道，就是喜歡先斬後奏，把問題丟給別人，真討厭。」

連經理誠心的在電話中向池經理細細解說：「**首先我會想辦法處理這件事情**，同時我要向池經理報告，公司礙於過

去零用金使用沒有依據，所以總公司在前年公佈了零用金使用辦法，讓各單位有所遵循，能公平且一致性。咖啡機是屬於固定資產，固定資產另有管理辦法，權責單位是管理部不是會計部，需申請核准才可添購，並要列冊管理、移交的。而且分公司任何支出，算是費用，也都是你們的成本。能不能請分公司補一份簽呈給管理部，**我沒有權責批示，我會把這份單據附上**，再呈給總經理核示，我想這是最好的解決方法，您說可以嗎？」

池經理爽快的答應：「好吧！就照連經理的方法來處理，我會馬上補份簽呈的。」

連經理隨口補上：「謝謝池經理協助！下次買咖啡的話，也請記得購買三合一的，才會好處理。」池經理在電話那頭一臉無奈的回答：「了解，了解。」

連經理讓事情有了解決方案，同時給池經理上了一堂管理課。事後，約見朱雅婷告知她處理的始末，朱雅婷佩服經理的處理能力，又大聲讚賞的說：「經理，你好厲害喔。」連經理也不吝嗇在此刻鼓勵朱雅婷：「妳也做得很好，加油。」

溝通密碼

「不行，就是不行，那是公司規定」的說法，好像宣告此事沒有轉圜的餘地，也沒有討論與商議的空間，是比較不良的溝通模式，會造成同事之間的衝突與摩擦，「**不行與規定**」是溝通的負面用詞。

雖然明知分公司先斬後奏的用意，也不需用對立的心態去做事，應像連經理抱著解決問題的心態，事情才有圓滿落幕的時候。

連經理對朱雅婷：「**妳有做好妳份內的工作，很棒，後續就交給我來處置。**」是主管對基層人員肯定的語氣，得到信賴的部屬會更安心工作。

溝通
小訣竅

「不行，就是不行，那是公司規定。」可轉換成：「我很想幫忙，可是按公司章程，我沒有那份權責。」

「我沒有權責批示，我會把這份單據附上，再呈給總經理核示。」也可這樣說：「我擔心踰越其他部門，所以我把單據轉給管理部，同時我也會從旁協助。」

03 謝謝總經理，讓我學到寶貴的一課

態度決定人生的高度，態度決定生命的寬度，態度決定命運的廣度，外在行為被內在態度所引導著，修煉好的態度才有好行為，好行為才能創造好結果。

在現代，競爭是無時無刻，也無所不在。職場上，企業覺得好人才難覓，求職者覺得好工作難找，這種不對稱關係普遍存在著。

LM是一家具前瞻性企業，高度的消費需求讓業績持續上升，為了永保市場競爭力，公司除了透過教育訓練提升原有員工素質外，就是不斷做增員動作，招募更多優質員工提升整體工作品質。

招募雖有僧多粥少現象，但未必能找到合適人才，不適應的狀況也常發生，人資董梅芬也為此現象傷透腦筋，應徵

時也特別加入人格特質評量，盡可能為公司找到最佳人選。新到任的施總經理意識到此現象，便約見董經理商討對策，以免浪費太多時間做招募工作，耽誤公司各項業務的推展。

施總經理：「董經理過去在應徵工作上，已經做的非常好，現在我們再來腦力激盪，想想看有沒有更好的方法，為公司找到對的人才。」董經理：「報告總經理，我才疏學淺能做的都做了，可謂黔驢技窮。」施總經理：「**只要透過有規劃的策略篩選，就容易找到想要的人才。**」

董經理：「那我應該怎麼做？」施總經理：「妳照原有的程序作業，最後決定人選時，我再告訴妳怎麼做。」

總經理賣了一個關子，讓董梅芬更想儘早一探究竟。LM這次將招募兩位新夥伴，經過個人資料、面試口試的評比與人格特質評量等三關較量，最後剩下八位人選入圍，

施總經理做了五項指示：
一、通知他們，下週一早上六點到公司做最後面試；二、當天請董經理務必於六點前到達，於公司對街記下面試者到達時間；三、七點才請他們進入公司會議室；四、八點我會出兩道考題給面試者；五、從六點到八點這段時間，觀

察並記錄每個人有哪些反應與舉動。董梅芬依照指示行事，但心裡質疑這樣做會不會為難求職者。

施總經理八點進入會議室，沒有招呼、沒有表情、沒有互動，要面試者寫出九九乘法與二十六個英文字母，便完成今天面試工作。早上九點再約見董經理，總經理請董梅芬將早上觀察與記錄的資料過目，並詢問一些相關問題，「就決定錄取這兩位，請現在就立即通知他們。」

董梅芬雖然疑問一大堆，但知道這個決定會是對的，「我內心原本不屬意的人選竟然出線，總經理能告訴我關鍵在哪裡嗎？」施總經理：「**當外在的學經歷等條件都相當時，內在的涵養相對重要，或許可以說是EQ吧！**」

又說：「不懷疑早上六點的約會，準時到達是服從指令，服從指令才能團隊合作、創造高績效。」、「七點才開門讓他們進入公司，八點才面試，是考驗他們的耐性，從側面觀察行為舉止，是想了解他們此時的反應。」、「兩個考題極其簡單，只看他們字體的工整性，這是考驗他們面對簡單、容易事情的態度，態度決定最後成敗。」

靜靜聆聽總經理的解說，董梅芬佩服的說：「我終於了

解能力不是問題，態度是關鍵的道理，我們一定會找到適才適所的人才，謝謝總經理，**讓我學到寶貴的一課。**」

溝通密碼

施總經理：「**只要透過有規劃的策略篩選，就容易找到想要的人材。**」考題與問卷是漏斗，會篩選出我們要的物品，所以要什麼樣的物品，就用什麼樣的漏斗過濾。

施總經理：「**當外在的學經歷等條件都相當時，內在的涵養相對重要**，或許可以說是EQ吧！」這句話更反應了EQ比IQ更為重要，態度是一切，優質人格特質是選材的首要考量。

溝通
小訣竅

施總經理：「**董經理過去在應徵工作上，已經做的非常好，現在我們再來腦力激盪，想想看有沒有更好的方法，為公司找到對的人才。**」沒有否定部屬過去的成果，反而是給予支持肯定，並鼓勵積極找新的作為，這是高階主管良好的工作風範。

01 感謝董事長為我做的一切！

這是一個團隊工作的時代，沒有人可以長久單打獨鬥，或許你是一部大機器，整個運轉都靠你，但是少了一顆螺絲釘，可能會要你的命。

WW公司整併了幾家小型公司，人事與業績因此而壯大不少，剛起步的海外市場，開拓也有些許成績，老闆眼見自己事業版圖穩步向前，特別約見總經理論功行賞，要他擬定新的組織表，讓跟他打拼的幹部有機會升遷與加薪。

總經理接受指示後便著手規劃，各部門一級主管晉升為副總經理，其他二級主管依據組織做職務調升，及以年資、貢獻度做加薪參考，擬定後立刻獲得老闆認同。

公文尚未公佈前，老闆召見一級主管，告訴他們晉升的消息，並藉機會加油打氣，感謝他們一路來的支持與努力。

管理部沈協理：「感謝董事長為我做的一切，有您的帶領，我們會更安心工作。」董事長：「沈副總要多加油，管理部要做好所有公司支援工作，更要做好稽核工作，如果有機會，我想把管理部改成事業支援部。」

人資部曹協理：「感謝董事長為我做的一切，更感謝董事長在教育訓練工作上，常常給的指導與建議。」董事長：「曹副總，人是公司重要資產，找對人，才能做對事，對的人都來自公司對的教育訓練。」

財務部杜協理：「**感謝董事長為我做的一切，您一直是我學習的典範**，會多向董事長請益有關財務的運作。」董事長：「杜副總，財務部還是要持續活化資金的運用，讓資金發揮極大效益，財務規劃要健全，公司才無後顧之憂。」

之前就有些訊息的業務部陳協理，一直認為公司有目前的榮景，都是業務部同仁打造出來的，全部晉升副總經理並非論功行賞，而是齊頭式的酬佣，有欠公平，心中難免不悅，但也不敢明講：「**感謝董事長為我做的一切，您常做最正確的判斷**，所以才能開疆闢土，擴充版圖。」

董事長：「業務是公司的命脈，如果只有出沒有進，公

司如何一直維持？我非常肯定你的付出，陳副總還要再加把勁，為公司業績與剛起步的海外市場多費心。」

陳協理回到單位，立即召集部門同仁開會，告知還有哪些人在這波晉升與加薪的名單裡，除了恭喜大家，也抒發一下心中鬱悶：「這次職務晉升是幾家歡樂一家愁，歡樂的幾家是不該晉升的人，都晉升了，愁的那一家是晉升了，實質上卻是齊頭式的，無法凸顯誰對公司貢獻比較大。」並私下與丁副理談話，丁副理是個很棒的傾聽者，所以陳協理很喜歡找她聊天：「恭喜晉升經理，妳付出很多，公司早就該為妳加薪了。」

丁副理恭敬的回話：「**感謝副總的照顧與提攜，我會與副總站在同一線，為您分憂解勞的。**」並安慰說：「我相信公司有今天榮景，業務部的貢獻不容抹滅，雖然此次副總不甚滿意，但也得體諒董事長的角色，他的立場需要面面俱到，有些是我們無法體會的。」

陳協理沈寂一會兒，接受的說：「妳說的有道理，也許我應該需要沈澱一下。」

溝通密碼

　　任何人給你的晉升、加薪與獎賞的機會，不要以為理所當然，一定要懂得感恩，懂得感恩的人，必定會得到多數人的認同。

　　丁副理平時就扮演好傾聽者的角色，而得到主管的信賴，所以陳協理願意在此時向她訴說心聲，同時她並未加油添醋博取好感，見縫差針從中得利，更為團隊和諧著想，是良好的處事典範。

溝通
小訣竅

　　管理部沈協理：「有您的帶領，我們會更安心工作」也可這樣說：「有您的帶領，公司有無限的發展空間，跟著您就對了。」

　　財務部杜協理：「感謝董事長為我做的一切，您一直是我學習的典範。」也可這樣說：「感謝董事長為我做的一切，我在您身上學到好多東西。」

02 更感謝經理給我的指導與協助

新人通常經驗不足，犯錯、不懂在所難免，所以新人必須要勇於面對挑戰，勇於虛心請教，帶領人則需要耐心教導，更要有好的引領技巧，才能讓新人學到專業與工作方法，在最短時間裡步上軌道，安心的工作，並融入團隊。

谷姍姍是管理部門的新鮮人，有著堅毅上進的人格特質，才能在眾多競爭下脫穎而出，然而對她而言，管理是一項既喜歡卻又陌生的工作。

管理部門工作極多樣化，因為職務交接的時間緊湊，自己當時也沒有太多頭緒，很多工作內容還是不大清楚，慶幸的是有過往資料可以參考，若再有不懂就直接向主管請教。

谷姍姍首遇難題，就是分公司送來的咖啡機購買簽呈，第一次接到簽呈，先看看公司頒定的「固定資產管理辦法」，其中有一項器材購置規定，規定購買前應先經過核准，金額大小也有不同核可層級。谷姍姍左思右想不曉得如何處置，最後還是決定先請教主管好了。

「經理，我如何處理這份簽呈？」段經理回問：「**我想先聽聽妳的想法，妳覺得應該如何處理這份簽呈？**」「嗯！嗯！」谷姍姍嗯兩聲沒有繼續說下去。段經理：「**想想看，答案沒有絕對的對或錯，我只想了解妳的想法。**」

谷姍姍有看過去的簽呈檔案：「我的職務雖低，但是我是承辦人，應該表示意見，對吧？」段經理面帶笑容回說：「很好。」谷姍姍：「經理，那我應該寫些什麼呢？」段經理一派輕鬆，給了谷姍姍自信的眼神：「妳說呢？」

谷姍姍遲疑一會兒，便勇敢說出自己的想法：「首先我會先註明公司固定資產規定，再呈請經理表示意見，因為按公司規定，這項金額只要經理核示即可。核示後會財會部門，請准予動用該筆款項，然後填具固定資產卡，將咖啡機列入單位固定資產表裡，是年終盤點項目之一，日後人員調動，將列入移交清冊。」

段經理微笑說：「**很好，很好，非常好**，那就去辦吧。」谷姍姍很有成就感的謝謝經理的引導。

日後工作谷姍姍越有自信，對於比較少有的工作項目，有不懂之處，只要自己有幾分把握，就嘗試去做做看，沒有做到位的部份，段經理都會再次引導她找到答案。

有時段經理也會要谷姍姍做筆記，免得重複詢問相同問題，對於經理對下屬的信任；與良好的教導方式，谷姍姍很快在短時間內學到好多東西，工作也很快進入狀況。

谷姍姍對於段經理的能力心生佩服，曾經感佩的說：「**經理，我覺得你好厲害喔，更感謝經理給我的指導與協助。**」

溝通密碼

過去的領導模式，是上司擁有答案，上司直接將答案告訴下屬，要下屬怎麼做。

現在的領導模式，是上司有答案，用引導的方式，創造下屬的思考力與創造力，由下屬說出答案，同時，下屬說出的話比教會記得，並且全力以赴做到位，這樣學習效果也會比較好。

溝通
小訣竅

段經理回問：「我想先聽聽妳的想法，妳覺得應該如何處理這份簽呈？」以及「想想看，答案沒有絕對的對或錯，我只想了解妳的想法。」

加上段經理一派輕鬆，給了谷姍姍自信的眼神：「妳說呢？」都是教導下屬最佳引領方法，所以得到下屬谷姍姍「經理，我覺得你好厲害喔，更感謝經理給我的指導與協助」的感佩與讚美。

03 謝謝董事長給我的信賴與肯定

沒有企業願意有客訴產生，客訴雖是再次提供滿意服務的機會，但是為了不徒增困擾，浪費公司各項資源，對於容易產生客訴之處，最好能事前多做準備，防範於未然。

這是一個唯美的世代，無論從科技產品、居家用品、汽車工藝、服飾精品以致於個人的身形與外表，儼然成為人們投資不斐的一種生活美學。

愛美是人類的天性，隨著整形手術之精進和美容儀器的發展，整形接受度越來越普遍，甚至對追求時髦的愛美人士而言，已將整形看成像化妝或換髮型般的平常。

FW是家具知名度的醫學美容診所，擁有數位整型醫師，為愛美的人士提供全方位服務，由於醫美的客戶端偶爾會有糾紛，因此FW特別聘請一位經驗豐富的公關葛經理，

處理診所企劃、文宣與客服相關事務，希望藉重她的專才，讓診所能順利運作。

葛經理對於醫美產業與容易發生的客訴，做過長期的資料搜集與個案研究，為了避免各項疏失產生的糾紛，制定了一套嚴格的術前、術中與術後標準作業程序，期待每位上門的客戶，都能享受VIP等級的服務。

並且於診所網站做充分的資訊揭露，內容追求明確與實際，絕不模糊與浮誇，但是某些手術還是會有因個人體質，產生難以避免的後遺症。

Tina柳為了讓五官更立體，經友人介紹到FW做隆鼻微整型手術，在注射玻尿酸半小時後，左眼竟完全看不見，眼前一片漆黑，緊急送醫後仍無法挽救視力。

葛經理事發時立即到達現場，全程參與陪伴病患就醫，同時安撫柳小姐的情緒，「我相信，沒有人願意發生這樣的事情，不幸的是讓我們遇上了。我們FW診所會負起應有的責任，直到柳小姐滿意為止，我是這件事情的負責人，有任何事情一定請先與我聯繫。」

　　兩天後葛經理整理好資料，並邀請董事長與主刀向醫師研議，如何處理柳小姐後續問題，向醫師擔心的說：「她應該會找民意代表開記者會，好可以獅子大開口。」

　　葛經理：「**如果我們讓客戶滿意，客戶應該不至於這樣做，這也是我要積極處理的地方。**」

　　向醫師：「顧客永遠不會滿意，而且還會藉此獅子大開口。」

　　董事長：「**我們若有疏失就應該負責，在合理的代價下盡量讓顧客滿意，這是我們經營企業應有的態度。**」

　　葛經理：「我已經邀請柳小姐商討應有的補償，屆時要請向醫師一同出席。」

　　向醫師：「**如果我在場對於事情有幫助，我願意配合。**」葛經理拿出手上的資料遞給董事長與向醫師：「這是我擬好的和解書，有幾項處理原則，請兩位過目。」

　　向醫師看過後表示：「**我覺得很好，葛經理妳實在太優秀了**，只是賠償金額是空白的。」

董事長：「賠償金額空白非常好，總要聽聽柳小姐的想法，我們自己做決定，太不尊重對方，若有失當，就不容易把這次的糾紛處理好。」

葛經理：「**謝謝董事長的支持。**」董事長：「金額我相信葛經理會有分寸，我給妳自己決定的權限，此事越早和解越好，期限也由妳那捏。」

葛經理：「**謝謝董事長給我的信賴與肯定，我一定會全力以赴，達成使命。**」在診所的充分授權，葛經理的用心關懷與積極處理下，客戶體諒各方狀況，此事很快就圓滿落幕了。

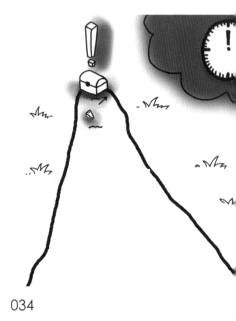

溝通密碼

　　葛經理用同理心去體會柳小姐的遭遇，每天關懷聯繫或探望，充分掌握患者的狀況，於短時間裡建立彼此間的信賴感，加上葛經理不逃避的心態，勇於負責任的態度，是讓事情圓滿落幕的良方。

溝通
小訣竅

　　「我們若有疏失就應該負責，在合理的代價下盡量讓顧客滿意，這是我們經營企業應有的態度。」董事長這樣的說法，無疑是讓處理客訴的員工有最大的依靠。

　　葛經理：「謝謝董事長給我的信賴與肯定，我一定會全力以赴達成使命。」也可這樣說：「董事長充分的授權，我一定會迅速完成任務。」

04 謝謝你建議我撥這通電話

企業除了獲利和給參與的人酬勞外，還有許多應盡的社會責任，包括對環境保護、綠化節能、人文提升、弱勢回饋等，企業可藉由公益活動，提升社會形象。

DK基金會是由DK企業贊助成立的社福單位，人員編制只有執行長加兩位秘書，活動採臨時任務編組，成員來自企業內部同仁，及部份退休同仁組成的志工團。

DK鼓勵同仁撥空擔任志工，參與公益活動，更極力推廣「一日志工」概念，不吝給出席的員工公假或補休，目的就是要落實公司「志工企業」的理念。

DK基金會一個月後將前往育幼院，參與育幼院週年慶系列活動，基金會特別結合了一位創意老師，將對院童實施創意教學與競賽。

承辦人將活動志工招募訊息，連結DK企業網站公佈，由於活動具有多重意義，立刻引起同仁們踴躍報名。

第一次到育幼院辦理創意課程，承辦的費忻好原本擔心志工招募，所以早早就將訊息PO上網站，沒想到短短時間就有七、八十位報名，費忻好高興帶點擔心，活動在外縣市，人數這麼多，如何安排交通是個問題。

活動前，費忻好持續跟創意老師及育幼院聯繫，礙於場地空間與課程需要，最後只需四十位志工參加即可，這是第一次到育幼院，也是首次跟創意老師合作，之前資訊掌握不充分，當時PO上網時，並沒有標示限制名額，如何辭退已報名的人，讓費忻好有點為難？

費忻好與執行長討論並提出補救措施。

對於報名較多的生產與會計兩部各保留十個名額，其他管理、業務、行銷與人資四部門，各保留五個名額，每個小組五人一部車，總計八個小組，由各部門較高主管擔任組長，負責人員協調與車輛調度，基金會補貼油費與通行費，對於無法成行的同仁，列為下次活動的優先名單。

　　原有志工團分配十個名額，八位擔任小組輔導員，輔導各小組工作進行，兩位負責連絡協調，基金會三名成員為指揮小組，志工團都會在出發前做行前教育訓練，說明工作內容與任務分配。

　　執行長聽了費忻好的想法，讚賞的說：「**構思縝密，非常完整，妳做的很棒。記得！把補充資料PO上網，特別要傳給各單位主管。同時，妳該撥電話跟各單位主管一一說明，說明事情始末以及妳的想法，而且越快越好。**」

　　費忻好快速完指示的工作，感覺狀況非常良好，之前所預設擔心的事情跟本不存在，「執行長，**謝謝你建議我撥這通電話。**」

　　執行長：「本來就是如此，**要主動說明事情原委，有再多錯誤與不愉快，互動時也不能存在任何情緒。切記，對事不對人的原則，圓融的處理事情，才會獲得更多認同，不傷害彼此的感情。**」

　　費忻好除了謝謝執行長的指導外，有了這次經驗，她更知道做事時，更應掌握事情明確的資訊，縝密的思考，再對外公佈，否則一再修正，最後會變成放羊的孩子。

溝通密碼

職場上發生不愉快或爭吵，先道歉的一方，可能成為最後的贏家，很多衝突的發生，都是不懂與無意，並非對方故意挑戰。若能把握對事不對人、主動說明、儘速處理的原則，紛爭會越少，更能展現你的高氣度與高EQ。

溝通小訣竅

執行長過程從未責罵費忻妤，聽完她的補救措施，也不認為那是理所當然應該會的事，並不吝讚賞的說：「**構思縝密，非常完整，妳做的很棒。**」主管這樣的做法，會給下屬充滿自信。

所以，費忻妤也回饋主管，她的感恩與讚賞：「執行長，謝謝你建議我撥這通電話。」

01 但今天工作量太大了，晚上想早一點休息

聚餐是公司同仁拉近距離，主管犒賞員工與激勵士氣最佳手段之一，也可藉此彌平不必要的人事紛爭以及部門對立。

很多業務單位的同仁在每個月業績結算後，都會在當晚聚餐，業務主管請單位同仁吃飯，謝謝他們為這個月的業績做出貢獻，也激勵大家為明天開始新的目標衝刺。

黃經理在公司眾多單位裡，業績常常名列前茅，也因為業績的超額達成，讓他有更豐厚的獎金收入。

大器的黃經理知道這份獎金是大家努力得來的，應該跟同仁分享並及時的犒賞，所以業績結算的當晚，就是單位聚餐的日子，長久以來，已經變成單位裡不成文的規定。

　　黃經理部門的同仁跟許多業務同仁的個性相同，聚餐的地方不以安靜與氣氛為選項，倒喜歡可以大聲談笑，喝酒划拳的場所，也可藉此抒發情緒、放鬆一下心情。

　　十多位同事吃吃喝喝，彼此交換工作心得，談論著成功的成交案例；如何搞定難纏的客戶，互相吹噓，互相出糗，氣氛極為熱絡。

　　黃經理向每位同仁一一敬酒，並找出可以稱讚的一兩件事，讓這個餐敘不只吃喝玩樂，同時具有正面的工作意義。

　　「報告經理，今天大家心情不錯，待會兒要續攤。」酒過好幾巡，資深的孫永華帶頭向經理提議。「好，我贊成」、「我舉雙手贊成」、「去KTV飆歌」、「大夥去好好唱個歌」陸續有同仁附和。

　　黃經理心裡早有準備：「時間差不多了，我已經請許助理訂好包廂了，我們出發吧。」當大家起身的同時，資淺的曾榮裕卻面有難色，提起勇氣吱吱唔唔的說：「經理，我可以不可以不要去唱歌。」

　　黃經理訝異的問：「為什麼呢？」

　　孫永華用調侃的語氣，拍著曾榮裕的肩膀說：「小兄弟，你真不夠意思，你哪裡不對勁？大家都要去，你不去，這是什麼道理？」

　　「不要以為你這個月業績好就瞧不起我們。」「我們是不是一夥的？是一夥的就要參加。」「幹嘛，要跟女朋友約會就不理我們。」故意數落的話接踵而來，同仁就是要他一起參加。

　　為了業績的衝刺，曾榮裕在最後一天收了不少訂單，忙了一整天，身體有些疲憊，他認真的說著：「**我很想參加，但今天工作量太大了，晚上想早一點休息**，免得明天沒體力上班。」

　　黃經理主持公道的說：「好吧，就讓他早點回家休息吧，榮裕今天確實很忙，應該很累了。」曾榮裕祝大家唱歌愉快，當要離去時，同仁還是趁著一一握手的時候，酸了他好幾句。

　　「哪有這樣子的，下次不行啦。」「不來可以，下次請大家吃飯。」「真不夠意思，這哪算兄弟？」「你面子很大，我們都不敢不參加。」

溝通密碼

「人在江湖，身不由己」，在職場上尤其是資淺的同仁，通常不敢開口說出心中想法，因此，常常感覺受到情境的委屈。

其實，只要像曾榮裕一樣口氣委婉，勇敢說出實際狀況，表達心中訴求，不同的意見就有可能得到認同，讓大家接受。

溝通
小訣竅

婉拒續攤也可以這樣說：「明天已經安排很多行程，經理，你不會想讓我沒有體力去見客戶吧？」、「經理，你知道我明天還有一項重要工作，需要我滿滿的體力去執行。」

02 這段時間工作排滿，有點超過我的能力了

職場上無論與誰互動，要適度的說出自己情況讓對方明白，不要以為對方都知道，都能體會你的感受與狀態，而默默承受來自各方的事務，造成自己的壓力，這樣對你不好，對客戶不好，對團隊也不好。

隨著融資管道的多元化，租賃的觀念漸漸被大眾接受，生活中大從數百萬元的車輛、機器設備，小到幾千元的行李箱，都是大家租賃的對象。

多年來除了微型企業，連中大型企業也開始利用租賃的概念，進行節稅與財務規劃，而租賃事業以其「取得資產使用權，替代資產所有權」先進理財觀念，使得市場規模不斷擴大。

　　JD是一家事務機器租賃公司，趙政鋒是事務機器的服務員，從進入職場便在JD工作，是個盡責的員工，平常不只會保養服務，機器摸久了，連困難的維修也很在行。

　　趙政鋒一直用「**服務代替業務**」經營市場，所以他的客戶在穩定中成長，是公司不可多得的員工。

　　趙政鋒除了例行性保養服務、記錄使用次數外，也需要對故障機器排定維修行程，這些臨時性的維修行程，是造成工作忙碌的主要因素。

　　一週例行性的會議，主管廖經理說：「紀能武專員出勤時受傷，須療養兩三個月，這段期間他的工作將平均分配給趙政鋒、包再興及傅錦東三個人，客戶分配名單已經完成，請務必好好服務他的客戶。」

　　趙政鋒對於這樣的命令頗有意見，他清楚包再興客戶本來就不多，增加的量加總還不到他的八成，傅錦東客戶雖不少，但是，過去客戶服務就多所詬病，常常不按規定行程保養，況且紀能武就是他的下屬，本來就該他做職務代理。

　　而自己是個面面俱到的人，自己的客戶行程已經滿檔，

其實無法再接其他人的客戶，廖經理每次都希望他多協助，對他是極度困擾。

有了幾次協助他人的經驗，讓自己團團轉外，還差點把自己身體搞垮，家人也很不諒解。

為了大家好，趙政鋒勇敢發言：「報告經理，我很想幫紀能武的忙，但**這段時間工作排滿，有點超過我的能力了**。」

廖經理對趙政鋒高度信賴，希望藉由他的介入，多帶動團隊士氣，提升同仁的工作態度，強化公司市場競爭力，「你應該多協助同仁提升服務品質，維繫客戶情感的」。

趙政鋒為了公司與客戶著想，決定不想再當爛好人，他和緩的說：「為了維護客戶的權益，確保公司的優質服務，我實在無法勝任這個任務，可將我的額度分配給其他人嗎？**或許我有這個能力勝任，但是我現在沒有這個能量去達成，也許下次有機會也說不定。請經理可把這個機會分配給有衝勁、有空檔的年輕同仁，讓他們多磨練磨練。**」

過去，廖經理太信賴趙政鋒能力，所以也造成對他個人

的過度依賴，常把很多工作交代給他，這次趙政鋒難得提出個人意見，委婉拒絕主管的安排，廖經理認為或許這是改變的契機，該做其它安排了。

最後廖經理勉強答應趙政鋒的請求。

溝通密碼

　　趙政鋒的說法，「報告經理，我很想幫紀能武的忙，但**這段時間工作排滿，有點超過我的能力了。**」不是用抱怨或負面情緒表達，而是用自我實際狀況闡述，求得諒解。

　　而「**或許我有這個能力勝任，但是我現在沒有這個能量去達成，也許下次有機會也說不定**」的說法，是保留下次可能的狀態，並非從此不協助同仁，是很好的溝通模式。

　　最後，趙政鋒說出沒有他參與的好處在哪裡，讓主管廖經理做衡量，「請經理可**把這個機會分配給有衝勁、有空檔的年輕同仁，讓他們多磨練磨練**」。

　　也可這樣表達「這是訓練資淺同事的機會，請經理讓他們多磨練磨練」或「這是難得的機會，請經理分配給有意願多學習的同仁，讓他們多磨練磨練」。

01 我想知道為什麼會是這樣的結果，好讓我多學習學習

營業主管不只要懂得銷售，同時也要懂得管理，更要懂得領導部屬，才能完成公司賦予的任務，所以他是一個多方位的行銷人才。

DC是一家新成立的銷售公司，公司成立之初，挖了業界幾位資深前輩當營運主管，由於DC公司將有前瞻性的新產品上市，業界一些資淺的同仁紛紛加入，希望在此尋求高收入與升遷機會。

DC雖然是新公司，由於有新科技產品上市的加持，市場反應相當良好，佔有率也節節攀升，組織不斷闊大，人員不斷增加，營業據點也增加好幾處，因此課長職缺，少部份從業界再挖角外，公司為了培養自己的班底，及給基層員工信心，大部分從優秀的組長中拔擢。

蕭子民進入DC公司時，是這個行業的二年級生，之前因為沒有人帶領，縱然有滿懷理想與信心，還是事與願違，得知DC公司有極先進的產品即將上市，必有一長段的銷售蜜月期，便毅然決然投入。

除了少有的展示間輪值外，其他空檔時間，蕭子民更努力做陌生開拓，期望有更多收入，改善生活與完成自己的夢想。蕭子民的努力與業績長官都看在眼裡，半年晉升專員，再半年晉升組長。

隨著業績快速成長，第二年底，DC公司決定闊充五個營業據點，而且這一次全部由基層晉升，期望第三年有更好的展望。經過公司高層會議通過，蕭子民在這一波的升遷的名單裡，雖然他的資歷淺、年紀較輕。

當人事訊息一公佈，夾雜著不少的喜悅與抱怨，蕭子民直升原單位的據點長，原單位的雷課長晉升區經理，更是引起部份人員的不滿。

簡大雄第一個質問雷課長：「**這樣不公平**，為什麼是蕭子民？他的業績都沒有我好。」簡大雄辯才無礙是個業務高手，業務經驗非常豐富，在不同行業裡都可以做出好成績，

DC卻是他這個行業的第一家公司，個性喜歡唱反調，晉升主管是他早規劃的事。

雷課長平常對於簡大雄譁眾取寵，帶頭唱反調的作風頗不以為然，這一次是給他教訓的好機會，「人事案是公司共同決議，有何不公平？你雖然業績好，可是售後服務不佳，銷售越多，問題越多，客人來電，你也常常不回應，都把問題丟給主管。自己做不到，又隨便承諾客戶，讓公司承擔後果，如果你當主管，問題不是更嚴重？你如何帶領這個團隊？」

雷課長的當頭棒喝，讓口才便給的簡大雄啞口無言。

顏秋蘭是個女中豪傑，這波人事異動晉升為組長，是眾多專員中補上蕭子民的遺缺，「課長，蕭子民晉升的好快，我想知道為什麼會是這樣的結果，好讓我多學習學習。」

顏秋蘭抱著請益的態度問雷課長。「蕭子民比你們進公司都晚些，不過他本質條件好，很努力開發客戶，不完全靠值班及公司的支援，銷售未必都第一，但成績穩定也很亮眼，客戶維繫的很好，客戶給的評價更高，是個值得信賴的業務員。除此之外，蕭子民平時默默做事，偶而來請教一些

不懂的問題，**態度相當良好，上進又肯學習**，連上面的人都喜歡他，所以一有機會他就出線了，誰也擋不住。」

顏秋蘭點點頭說謝謝：「我終於懂了。」

沒多久，簡大雄就離開了DC，到別家公司尋求下一個機會。

溝通密碼

在職場上「**這樣不公平**」的話，確實要小心使用，免得給人斤斤計較、小心眼的感覺。

人事晉升不會只是考慮個人能力一項，通常會包含對公司的貢獻度，為人處事的基本態度，以及解決問題的能力。

簡大雄事事都已個人利益為考量，對團隊並沒有實質的幫助，看似在為公司創造利益，實際上卻是替公司製造麻煩。

**溝通
小訣竅**

顏秋蘭虛心請益主管：「我想知道為什麼會是這樣的結果，好讓我多學習學習。」也可如此表達：「晉升速度這麼快，一定有值得我借鏡的地方。」、「他一直都很優秀，不曉得還有沒有我不知道的地方？」等等。

02 請再告訴我怎麼做，下次我會知道的

新人進入職場，首先擔心的是環境適應的問題，接著是擔心有沒有人教導帶領，及與同事之間的互動。

古彩臻和何美甄是UT生產線新進的作業員，兩人原本就是姊妹淘，是感情好的同學，進而當同事，生產線的工作三班輪值，兩位好友要求主管，安排她們在同一組別，以便一起上工，一起玩樂。

古彩臻個性直率，講話聲音洪亮、速度快，比較有主見，工作時整天嘮嘮叨叨。

而何美甄內斂含蓄，講話輕聲細語，是個循規蹈矩的小女生，工作時都悶不吭聲，兩者個性迥異，但相互補齊。

　　詹麗金是這個組的組長，比這些小女生大上二十多歲，做事積極細心，一切以工作至上，她總覺得現在的年輕一輩，好高騖遠，不肯腳踏實地，異動頻繁，沒有根基，所以不曉得用什麼方式培育比較恰當。

　　某日品管部告知，廠商來電表示有一批產品有瑕疵，已經在辦退貨手續中，若是事實公司損失不小，這是極少發生的現象，不良品生產日期與批號顯示，正好是詹麗金這組製造生產。

　　詹組長怎麼想都不可能，自己對組員的嚴格訓練及工作要求，加上品管課的抽樣檢查，怎會出這種狀況，內心十分詫異且自責。

　　退貨報告出爐，顯示是第六個班出了狀況，詹麗金馬上召集這個班開會，做檢討報告以改進缺失，班長不敢承當責任，把錯誤都推給古彩臻和何美甄兩位新進同仁，說他們工作用心度欠佳，平時訓練也不專心，才會讓公司蒙受損失。

　　詹麗金質問古彩臻：「為什麼裝配都沒做到位？訓練這麼久了，怎麼都做不好？」古彩臻雖是新進，卻不是省油的燈，義正言辭的回答：「**又沒有人教我，我怎麼會？**」

詹麗金瞪眼氣呼呼的說：「公司對每位新進人員都有作職前訓練，怎麼會沒教？這是什麼理由！妳這樣的工作態度，我擔心妳會常出狀況。」

詹麗金接著質問何美甄同樣問題，何美甄低聲承認錯誤：「**若我沒做好，請再告訴我怎麼做，下次我會知道的。**」

詹麗金無奈的說：「好吧！算妳誠實。我會找時間，對你們這組加強訓練，同時我會督導你們線上的工作，以免再出紕漏。」

詹麗金雖然經驗豐富，但對於這一代年輕人的言行，卻摸不著頭緒，並交代班長特別關注古彩甄日後表現，以列入新人繼續任用的考核。

溝通密碼

古彩甄「又沒有人教我，我怎麼會呢？」的說法，是在辯駁一項既成的事實，同時又把責任推給別人，這是一種不負責任的溝通模式，通常得不到上司的喜愛。

錯誤不可怕，承認錯誤才有改善的機會，態度更是待人接物的關鍵。

溝通
小訣竅

「又沒有人教我，我怎麼會呢？」可以改成「我還在學習階段，造成公司損失，非常抱歉！」

「若我沒做好，請再告訴我怎麼做，下次我會知道的。」也可這樣說：「請再多教教我，我一定學會的。」或「有錯誤表示一定還有我不懂的地方，請各位不吝多教導。」

03 這任務雖然有些挑戰，我還是很樂意接受

在職訓練是員工能力再提升極佳手段，職場不能只單靠經驗來學習，若如此，只會讓你一直停留在原地打轉，失去競爭力，原有的能力也會慢慢變得不管用，最後職務無法往上提升，甚至遭到淘汰、離開職場的命運。

這是一個終身學習的世代，更何況需要競爭力的在職人員，終身學習的理念讓離開職場退休的人，可以不斷充實自己，找到生命的樂趣；終身學習也會讓在職人員，不斷提升自我能力，找到更多晉升和服務的機會

HG是一家員工不過半百的公司，老闆年輕時非常熱愛學習，不管國內外課程，只要有時間、有能力都會參與學習。

「**持續學習，改變思惟，開創新局**」這是甘老闆多年學習的心得，日後造就了人格特質的蛻變，所以可以在不惑之年就創業有成。

有熱愛學習的老闆，就有熱愛學習的員工，HG公司每年辦理渡假會議活動，同仁們都會積極參與學習。

有關團隊凝聚的課程上了好幾年，幾次下來，甘老闆直覺還是缺少了些什麼，便思考改變一下形式，把原本的渡假會議改成員工暨眷屬旅遊，這其實也是另一項某種形式的團隊凝聚，另外規劃不同工作內容及職級同仁，平日給予個人不同需求的訓練。

甘老闆知道現在是改變的時候，若不往上再提升，可能遭受淘汰的命運，於是召喚他的秘書：「因應市場的競爭，我想再提升同仁的能力，請妳規劃一份個人職務進修需求表，幫每個階層的同仁找到個人學習需求。這事情交代給妳辦理，時間越快越好，明年開始馬上要執行。」

方秘書跟隨老闆多年，聽到此命令有點錯愕，內心倍感壓力，自己不是人事與訓練的專業，過去也毫無經驗，但還是勇敢說出：「**這任務雖然有些挑戰，我還是很樂意接受。**

還不忘請老闆協助。**老闆你有這麼多學習經驗，請提供一些寶貴意見給我參考。**」

甘老闆：「可以上網查一些課程資料，也可以詢問配合過的顧問公司，還有不懂，再來找我。」

方秘書依照老闆指示行事，並在內心設定五天內提出計畫的目標，依據公司各部門不同性質，規劃基本專業課程。由公司高階主管親自授課，必要時再派外訓。外訓同仁須做心得報告，雖然麻煩但效果加倍，學到的東西永遠是自己的，誰也帶不走。

將職務劃成理級、課級和基層三個等級，理級加強目標管理、團隊領導、溝通協調、危機應變、激發部屬等等為主；課級以問題解析、人際溝通、時間管理、情緒管理、領導統御等等課程為主；基層加強執行力、發掘問題、溝通表達、情緒管理等等課程為主，規定年度課程總時數，及單項課程時數，並編列各項預算。

甘老闆看了方秘書的提案深表讚許，「非常用心，很棒。目前公司沒有專職人力資源，從現在起，人資業務移到總經理室來，由方秘書負責承辦，另外公司再加派人員協助

妳。我希望妳能提升，公司擴大後，或許需要一個人力資源部也說不定，妳將會是主管的熱門人選。」

　　方秘書帶點驕傲的微笑：「謝謝老闆的指導與信任，如有機會，或許可以再接受挑戰。」

溝通密碼

甘老闆指派工作，方秘書欣然的說：「**這任務雖然有些挑戰，我還是很樂意接受。**」

而不會說試試看，積極的心態老闆會很高興，更不會視這項陌生工作為困難，願意接受挑戰，老闆通常喜歡員工全力以赴，不喜歡試試看的心態。

溝通
小訣竅

方秘書：「謝謝老闆的指導與信任，如有機會，或許可以**再接受挑戰**。」可以這樣說：「有老闆的領導，如有機會，定會全力以赴。」

04 是不是需要調整一下方法，不然都在白費心思

當自我意志凌駕他人意識時，說出的話就很容易傷到別人而不自知，這些含有批評、責怪、抱怨的話語，容易產生職場上的隔閡與芥蒂，溝通時唯有放下自我，多傾聽，勿急著說出口，才不會處處碰壁，破壞好人緣。

微利時代用錢賺錢是必要手段，看似前景光明的金融理財商品，在相關行業競相投入下，演變成眾多人搶食這塊大餅，讓原本具有豐厚利潤的產業，變得人人有機會，個個沒把握，衝擊頗大要算靠個人行銷的保險從業人員了。

袁永嘉是壽險業的區經理，二十多年的資歷看盡壽險業的興衰與演變，除了市場競爭越來越多外，人員招募更是越來越難。

「有樹，就有鳥棲；有人，就有業績」是這行無法被推翻的理念，增員招募是永不停歇的工作，教育訓練更是留人下來的長遠手段。

袁經理把每個新招募的人員都當成寶藏，極盡呵護之責，希望每個人很快就有業績，並能定著下來，所以花了好多心思訓練與陪訪，雖然初期業績都不如預期，但也樂意為積極的新人努力付出。

卓主任看在眼裡心有不捨，袁經理除了個人業績外，單位裡還有眾多事情，還得撥出時間陪新人拜訪客戶，時常忙的團團轉，一天二十四小時都不夠用。

某日，看不下去的卓主任開口對袁經理說：「**要是我不會這樣做，新人常常六個月左右就陣亡了，您真是浪費心思。**」

袁永嘉並未反駁卓主任的看法，心想「在沒找到更好的方法之前，或許這是最好的方法，可能是唯一成功之道。」

沒多久卓主任也增員自己親人進入單位，他也如法炮製，陪著增員的新人到處拜訪客戶。

某日，他向袁經理抱怨的說：「哎！現在年輕人都不用頭腦，我那麼積極的陪訪客戶了，怎麼還這麼不用心？」

此話一出，袁經理立即以帶點玩笑的口吻說：「**要是我也不會這樣做。**」

卓主任一聽到這句話，馬上會意他之前說錯話了，而且當時袁經理沒有任何反駁與負面情緒，展現個人的高EQ，然後再找機會給他上了一課，真是佩服佩服。

有了這次經驗以後，只要袁經理在談論新人的種種，卓主任都正面積極的附和，在與人溝通時，更積極聆聽對方的話語，並在結束會談後自我檢討，與人互動時所使用的辭彙有哪些話不當，以及可以做的更好的地方。

溝通密碼

「**要是我不會這樣做**」是帶有批評的話語，其意是我比你聰明，你比我笨，有貶抑他人之意。

無意的說法，本來是心疼對方，卻易造成對方的誤解與不悅，立意雖好，說法卻錯誤。

溝通
小訣竅

看不下去的卓主任開口對袁經理說：「要是我不會這樣做，新人常常六個月左右就陣亡了，您真是白費心思。」可改成「是不是需要調整一下做法，不然都在白費心思。」

或「想想看有什麼好方法，不然都在白費心思。」或「有沒有新的帶領方法，讓新人能更早學到東西。」或「認真研究一下，有沒有新的處理模式。」

05 以增加A級客戶數，會盡全力達成目標的

會議真正的目的，是要大家提出方案解決問題，達成既定目標，不是想問題比賽，更不是用來批評、責怪、抱怨與爭辯用。

業務單位的目標是一切，其餘都是它的註解。透過每週會議，掌握業績進度是必要的手段，唯有有效做過程管理，才能順利達成原定目標。

VO是汽車地區經銷商，共有七個營業據點，週一下午是業務部的例行性會議，各據點課長針對上月（週）績效提出檢討報告，以及如何完成本月（週）進度提出工作報告。

主持會議的馮經理首先報告：「上個月新訂單187張，交車目標180輛，完成領牌170輛，實際達成率為

94.44%。」「超過目標的有兩個單位，一個剛好完成目標，有四個單位未達目標，請各營業課長一一做報告。」

營一汪課長：「上月完成交車31輛，比目標多1輛，本月目標仍為30輛，目前少兩位人力，已經缺很久了，**我不知用什麼方法可以補足？**所以每個月要完成目標都很拼。」

馮經理回應：「營一課在總部有得天獨厚的優勢，若人力補足都有困難，那其它單位怎麼辦？請汪課長想辦法在一個月內補齊人力。」

營二許課長：「**外在景氣不佳**，上個月未完成目標，少3輛，但訂單還有8輛未交，這個月應可完成28輛目標，本月會加強來店客的追蹤。」

馮經理回應：「**許課長管理太鬆散了，要多教育業務員，不要浪費自動上門的客戶**，否則月月都無法達成目標。」

營三鄒課長：「上個月多完成2輛交車，這月掌握的A級客戶比較少，**要完成公司給的目標會比較有問題**，但會加強未成交客戶電訪，告知促銷訊息。」

　　馮經理回應：「鄒課長是非常有韌性的人，26輛的目標應該再調升，不要小看自己的能力。」

　　營四翁課長：「上個月目標差3輛，**我們的車型太老舊**，公司也沒比較好的策略，都要員工拼硬的，業務員很辛苦，又賺不到錢，長久下來肯定會流失。」

　　馮經理回應：「翁課長太悲觀了，我們所有條件都不輸競爭對手，如果自己沒信心，業務員會更沒信心。」

　　營五金課長：「上個月目標25輛剛好完成，**這個月是傳統的淡季，希望公司的目標能調降。**」

　　馮經理回應：「各位的薪資與獎金沒有因淡季而調降，這個月各位應該更努力才對。」

　　營六田課長：「上個月距離目標還有4輛，本月淡季要多努力，加長業務工作時間。另外**我們的保養廠維修服務很不好**，客戶多有所抱怨，連帶影響他們介紹客戶，上個月至少有2輛。」

　　馮經理回應：「請田課長具體說出哪裡出問題，否則無

法向服務部提出改善要求，若遇到上述問題，請田課長務必親自處理客戶抱怨。」

營七謝課長：「上個月完成19輛，少3輛完成目標，人力持續補足，新進業務也加強訓練，**帶同仁多開發客源，以增加A級客戶數，會盡全力達成目標的。**」

馮經理回應：「七課營業地點確實比較艱困，也請謝課長多多費心，完成不可能的任務。」

總經理總結：「大家都非常努力，但還不夠好，上月不足10輛，本月想辦法補齊。淡季大家應更努力，**時間過了就沒了，不要找藉口，目標一定要達成，甚至超越**，大家加油。另外服務及其它問題有需要支援，隨時向總部反應。」

溝通密碼

> 營二許課長：「**外在景氣不佳**」和營五金課長：「**這個月是傳統的淡季，希望公司的目標能調降。**」不宜用在檢討會議裡，大家條件都一樣，沒有不景氣，只有不爭氣，任何狀態下，有人做倒，也有人做好。

溝通
小訣竅

　　營一汪課長：「我不知用什麼方法可以補足？」可改成：「我還在想辦法補齊？」或「各位有什麼方法可以提供。」

　　馮經理回應營二許課長：「許課長管理太鬆散了」可改成「許課長應多加強管理」，「不要浪費自動上門的客戶，否則月月都無法達成目標。」可改成「要精準有效掌握來店客，這樣每個月才會輕鬆達成目標。」

　　營三鄒課長：「要完成公司給的目標會比較有問題。」可改成「現階段要完成目標有挑戰，需要更加努力。」

　　營四翁課長：「我們的車型太老舊，公司也沒有好策略。」可改成「我們應加速車型改造，同時也鑒請公司規劃更有效的行銷策略。」

　　營六田課長：「我們的保養廠維修服務很不好，連帶影響他們介紹客戶。」可改成「請公司再提升保養場服務品質，確保多數客戶再介紹。」

06 您的表現一直是有目共睹的

業務單位盡全力達成交付目標，是業務人員應有的基本心態與作為，而主管須要做過程管理與協助，這是達成目標的重要手段。

在馮經理的帶領下，VO汽車公司業績一直是經銷商的佼佼者，母公司訂定的目標是每月160輛，而自己公司設定的目標是180輛，這是馮經理的目標策略之一。

除了每週一的業務會議，對營業單位做必要的過程管理外，馮經理通常利用每日早會後，去電了解各單位營運狀況，尤其是到了月底結帳前幾天，更是緊鑼密鼓的追蹤業績。手握各單位早上傳過來的最新進度報告，馮經理便一一詢問與催促。

馮經理去電營一汪課長：「還差3輛就可完成目標了，月底30輛應該沒問題吧？」汪課長驕傲的回應：「報告經

理，現在掌握的狀況應該沒問題。」馮經理：「**您的表現一直是有目共睹的**，這個月應該多完成2輛，為公司分憂解勞才對。你的單位有得天獨厚的條件，就這麼說定了，多收2輛業績吧！」

馮經理去電營二許課長：「上個月未交訂單有8輛，所以這個月目標輕鬆達成，**不要就此鬆懈，說說看可多收幾輛呢？**」許課長：「上個月落後3輛，至少會補上。」

馮經理：「你去年年度達成率第一，我看了到目前的統計，今年還有些希望，再加把勁。上月遺留8張訂單，若加3輛是標準而已，我希望你能加5輛。」在馮經理的鼓勵下，許課長信心滿滿說：「這**目標雖有些挑戰，我還是願意試試看。**」

馮經理去電營三鄒課長：「恭喜你昨天又有2張新訂單，這個月目標26輛怎麼樣？」營三課是今年異軍突起的單位，鄒課長興奮的說：「報告經理，沒問題。」馮經理：「當然知道你沒問題囉！因為目標今天就會達成了。公司給你的月目標是26輛，希望你自己設定30輛的目標，這可能是你明年的新目標。」鄒課長：「30輛也是我心中的目標，自己會全力以赴達成。」

營四課因為業務員流失，這個月落後目標很多，馮經理關心問著：「翁課長要加點油，有沒有什麼辦法？需要總部什麼協助？」營四翁課長：「業績落後沒有藉口，我會好好努力來彌補缺失的。」馮經理：「不要逞強，要有方法，下午我到你單位跑一趟，**一起來激盪有什麼好策略。**」

馮經理去電營五金課長：「你做事一向循規蹈矩，必要時也要作些突破，今天預計會完成3輛收款，非常棒！業績還好沒因你說的淡季有所下滑。」金課長回應：「根據掌握狀況，本月還是完成25輛目標，**我會作好份內的工作。**」

馮經理去電營六課，田課長便搶著抱怨說：「有人跨區低價競爭，昨天又掉了兩個客戶，母公司應出面調查清楚。同業的業務獎金比較優渥，削價競爭嚴重，我們總是不敵而戰敗」。馮經理口氣帶點嚴厲：「**只會削價不是好的銷售模式，應該好好訓練銷售技巧、服務態度才是上策。別人削價競爭，我們無法可管，唯有自立自強，同時自己要有完成目標的企圖心，若沒有企圖心，做業務不會成功的。**」

田課長啞口無言不敢多加辯護，對於嚴重落後的業績，只能說：「**我現在知道該怎麼做了。**」馮經理：「那就好好督促業務員做最後的衝刺。」

　　馮經理去電營七謝課長：「**我一直看好你的未來性**，但這幾天都沒進展，我替你有點緊張，這月業績預計如何？」謝課長輕輕說：「客戶開發不如預期，22輛目標，這個月應該會完成17輛，比上個月少2輛。」

　　馮經理沒有苛責艱困的轄區，「**我還是佩服你的奮戰精神，有你撐住七課會有希望的**，無論如何17輛一定要完成，這是低標。」

溝通密碼

　　營馮經理深知目標管理策略，首先將公司目標設定超過原定的100％，而每週的檢討會議、每日晨會的關心，都是掌握業績的目標管理。

　　業務單位若沒做過程管理，當業績結算不如預期時，上級對部屬的指責，就有如「不教而殺之」是讓人難以接受的。

　　馮經理不是盯下屬業績，而是用讚賞來催促進度，好比說「您的表現一直是有目共睹的」、「恭喜你昨天又有2張新訂單」、「業績還好沒因你說的淡季有所下滑」、「我還是佩服你的奮戰精神」。

　　以及用鼓勵的方式，來激勵工作士氣，好比說「你去年年度達成率第一，今年還有些希望，再加把勁」、「不要逞強，要有方法，一起來激盪有什麼好策略」、「自己要有完成目標的企圖心，若沒有企圖心，做業務不會成功的」、「我一直看好你的未來性」等等。

Part 2

與同事溝通時
該怎麼說？

想讚美同事時，這樣說

01 妳今天的氣色很好，是不是有好消息

02 這是現在最流行的

想請同事幫忙時，這樣說

01 撰寫這份報告，沒有你參與是不行的

02 活動需要貴部門全力襄助，這樣我才可以更放心

03 我很樂意協助，只要您配合完成這些動作

與同事互動時，這樣說

01 您已經為這項工作做了最佳的典範

02 話多不如話少，話少不如話好

03 如果下次辦同樣的活動，有哪些地方可以做的更好

04 你覺得有什麼好方法呢？

05 讓促銷案定案後，大家更有共識

06 我怕會因此影響其它案子，所以我很想聽聽您的看法

07 要正向看待同仁提出的意見

08 有沒有什麼需要我協助的

01 妳今天的氣色很好 是不是有好消息

讚美是種投射心態，發現別人的優點不忌妒，那個優點通常是自己學習仿效、想擁有的人格特質。讚美別人存在同理之心，更是溝通不可或缺的力量，一個懂得欣賞周邊的事物；學會讚美他人的人，肯定是一個有影響力和樂觀、受歡迎的人。

FS公司去年剛慶祝三十週年，在同業裡產品市占率排第一，公司整體的CIS識別系統，包含了員工制服，除了第一線店員要每天穿著外，總公司行政部門也得配合辦理，唯一例外的是，行政人員星期五可以著便服上班。

在FS保守的行政部門裡，單美玲是一個比較追求流行的同仁，她認為穿對衣著會讓人神清氣爽、自信有魅力，所以星期五的便服穿著，會盡心打扮，讓自己美美的，希望藉由她的帶動，喚起這家傳統公司多一點活力與朝氣。

　　單美玲努力了一段時間後，同事們好像都沒反應，同仁不但只穿著簡便，連她的精心打扮也視若無睹，公司也不便規定不能穿牛仔褲、涼鞋上班，單美玲想改變一成不便的互動模式，決定主動出擊。

　　某個星期五上班的早上，單美玲在電梯遇到同事，便主動打招呼，「麗華，妳今天的氣色很好，是不是有好消息？」麗華笑笑的不曉得怎麼回答。

　　單美玲一進公司大門，又向櫃台小姐打招呼，「早安雅琪，妳今天穿的的衣服很有朝氣，很符合妳的Style。」

　　雅琪覥腆的微笑，心想「這衣服我常穿耶，今天有什麼不一樣嗎？」眼光在自己身上打量了一圈。

　　單美玲準備打卡的同時，向一旁的同事讚美：「淑芬，妳這雙鞋子好漂亮，花不少錢吧？」

　　淑芬不好意思的回答：「沒有啦，跟有點高，所以不太敢穿。」

　　單美玲遇到年輕的小旅：「小帥哥，你今天的打扮像個

型男，**超帥氣**。」小旅做做鬼臉一溜煙的跑掉了。

在辦公室遇到長官時，「經理你的**襯衫好挺，誰燙**的？」。

經理不知所措的說：「沒有啦！」便快速閃開。

單美玲今天努力的讚美同事，沒有得到好的回應，但是讚美別人好像日行一善，自己倒覺得開心。

每逢星期五就像童子軍一樣，單美玲不斷的向同仁讚美，並用心去發掘同仁的優點，日積月累的功力，讓她可以隨時看見同仁的優點，並事實適切的予以讚美。

久而久之，單美玲更感覺到「**心態美，人更美**」的道理。由於這段時間總保持笑臉迎人，自己感覺到更年輕、更有朝氣；認真耕作總有收成的一天。

隨著單美玲一點一滴的努力，同仁也慢慢有了回應，大家也漸漸習慣這樣的互動模式，尤其是櫃台小姐，每天一大早的工作，就是發現每位同仁的優點。

當單美玲說：「妳今天的氣色很好，是不是有好消息？」時，得到的回應是：「謝謝，你氣色也很好。」「托妳的福，工作順利就是好消息。」

當單美玲讚美同事說：「**妳今天穿的的衣服很有朝氣，很符合妳的Style。**」時，得到的回應是：「謝謝，妳看妳的衣服更有氣質。」「謝謝，妳也一樣好有特色。」

當單美玲讚美同事：「**妳這雙鞋好漂亮，花不少錢吧。**」時，得到的回應是：「真的嗎？謝謝妳不嫌棄。」「謝謝，妳的鞋子更有個性。」「謝謝，妳的鞋子跟衣服更有整體感。」

當單美玲讚美同事說：「**小帥哥，你今天的打扮像個型男，超帥氣。**」時，得到的回應是：「謝謝誇讚，妳才是個大美人呢！」「謝謝，妳真有眼光。」

當單美玲讚美說：「經理的**襯衫好挺喔，誰燙的？**」時，得到的回應是：「謝謝讚美，都是太太的功勞。」「謝謝，妳的套裝也很端莊。」

因為單美玲催化了公司讚美的文化，平時同仁之間互動

良好，也帶動了工作上和諧的氣氛，星期五的自由穿著，也變得正式且色彩繽紛，就連大家的制服也更鮮豔挺拔呢！

溝通密碼

　　一個人表達對某見事情看法時，都希望聽到對方的意見，通常最想得到對方附和的相同意見，所以溝通時記得多用同理心、多觀察、並適時多回饋。

溝通
小訣竅

　　當單美玲讚美說：「**妳這雙鞋好漂亮，花不少錢吧。**」時，也可以比較莞爾的回應：「謝謝妳，我們一直有一樣的眼光，哈哈！」

　　當單美玲讚美說：「**經理的襯衫好挺喔，誰燙的？**」時，也可以比較莞爾的回應：「成功的男人，總有一個幕後黑手，美玲課長妳也不徨多讓啊！」

02 這是現在最流行的

同樣的事情，如果問了看法不同的人，答案可能會讓人心灰意冷，失去信心，如果問了看法相同的人，答案可能會讓人精神振奮、激發自信。

Jason是個髮型設計師，工作性質的關係，對流行非常注意。

近日，他配了支很有造型的眼鏡，卻得不到家人支持，太太覺得造型太新潮，不適合他這個年紀，兒子覺得色彩太鮮豔了，看起來怪怪的，女兒覺得太有特色了，反而突顯不了他的個性。

家人負面的看法，讓Jason帶起新眼鏡總覺得不太舒服，真想把它換掉，家人很少這樣不支持他，心情有些低落。可是，新眼鏡的確花了不少錢，總要戴戴看，或許看久

了，就順了也說不定，Jason做了如此決定。隔日來到工作場所，Jason一如往常舉手投足，助理Amy注意到他換了新眼鏡，大方的說：「喔！Jason換新眼鏡了，**這是現在最流行的新造型。**」

Jason驚訝的問：「真的嗎？那妳覺得怎麼樣？」

Amy：「我男朋友也配了一支，路上有很多人戴這款造型眼鏡，Jason**這支眼鏡很適合你。**」

Jason好像得到知音一樣，對著鏡子看了看並豎起大拇指說：「謝謝Amy，妳眼光真不賴。」

另一旁的助理Nico：「Jason你很棒，選這支鏡框。」

Jason狐疑的問：「我很棒，怎麼說？」

Nico：「選這一支眼鏡要有勇氣，很新潮單價又這麼高，萬一不喜歡，那可就慘了。」

Jason驕傲的說：「說得也是，我相信我的選擇，可是我太太說不適合我的年紀。」

Nico：「怎麼會呢？你還這麼年輕，新潮的造型眼鏡，總要試試才會適應。」

Jason雙手一攤，無奈的說：「我想也是。」

設計師Janet對Jason肯定的說 ：「這眼鏡色彩鮮豔，看起來很有精神。」

Jason：「真的嗎？我兒子說太鮮豔，看起來怪怪。」

Janet：「這支眼鏡的色彩更能襯托你白皙的膚色，跟你很搭。」

Jason豎起兩隻大拇指，開懷的連說三聲：「耶！耶！耶！」

設計師Coco也大方的說：「Jason，你對美的事物一直有獨到眼光。」

Janet附和的說：「我也一直這樣認為。」

Jason不曉得自己有這項特質，不知如何回應兩位設計

師的讚美，只好低聲的說：「謝謝。」

　　經過同事一連串跟家人不同看法後，Jason對於自己選擇的眼鏡更有自信，也對自己的能力充滿信心，工作上更激發出高昂的鬥志。

溝通密碼

　　事情本來就有不同的面向，有些是沒有標準可言的，是非對錯在個人一念之間。

　　若能用正向去評斷一件事情，對方會感受到你的溫暖，Jason同事就是如此，若都用負向去評斷，對方會有失落感，Jason自家人就是如此。

溝通
小訣竅

讚美有不同層次的，第一個層次讚美物品，如Amy說：「這是現在最流行的新造型。」「Jason這支眼鏡很適合你。」

第二個層次讚美所做的事情，如Nico所說：「選這一支眼鏡要有勇氣。」

第三個層次讚美人格特質，如Janet所說：「這眼鏡的色彩更能襯托你白皙的膚色。」

第四個層次讚美潛能，如Coco所說：「你對美的事物一直有獨到眼光。」

01 撰寫這份報告，沒有你參與是不行的

> 隨著社群網站、通訊器材與交通工具的進步，地球儼然成為一個無邊界的國度，產業要保有持續競爭力，就應朝連鎖加盟、強力品牌與國際化三方面發展。

PM公司創立二十幾年，有相當不錯的經營績效，由於台灣是個海島型國家，市場有限，加上同業各種手段競爭，PM公司產品銷售有些停滯不前。

經營者清楚這是一個關鍵時刻，如果現再不往上提升，未來就有可能會向下沈淪，公司開始思考將來的發展方向。

PM公司創立之初，來了一批東南亞華人，留下的封建德與文水湶兩位，現在都已經都是高階經理，借用這兩位主

管經驗與他們在地人脈，可能是一個快速擴展海外市場的機會，經營者召集這兩位主管與營業部門開會，商討這個計畫的可行性，而封、文兩位經理都看好它的前瞻性。

透過當地的顧問公司先作份市調，接著兩位主管陪同營業部魏副總回故鄉，走訪一趟做實地勘查。

回來後，魏副總提了份簡單報告，評估極高的可行性，經營者立即指示，三個月內擬定完整的「海外擴展計畫」，而且越快完成設點越好。

「海外擴展計畫」在極保密的狀況下進行，公司的一級主管也未被告之，魏副總擬定計畫同時，也請康副總提出財務運作的規畫。

一直被矇在谷裡的康副總有些不悅，心想「財務是公司血脈，沒有健全的財務規劃，營運就是不踏實，怎麼可以忘記我呢？」

加上營業與財務長期的衝突對立，康副總早就已經頗有微辭，對於魏副總的要求，工作起來總是沒什麼動能，能拖就拖。

有時間壓力的魏副總，特地跑到財會部拜會，「康副總，撰寫這份報告，沒有你參與是不行的，請多多協助。財會是很重要的項目，沒有財會的規劃資料，海外擴展計畫是空的，所以，一定要借重您的專業。日後在海外的營運上，也需要財務控管，康副總是不可能置身事外的。」

對於魏副總的肯定與要求，並基於對公司發展的責任，康副總外表勉強，內在卻是積極的，「我會提出我的規劃，完成後會備份給魏兄您。」

對於康副總傳達的善意，魏副總感受到一致對外的團結氣氛，過程中，不斷詢問康副總還需要提供哪些資料，希望藉此順勢化解兩個部門長期的對立。

PM公司「海外擴展計畫」，在公司團結一致與天時、地利、人和的結合下，順利開展，公司過去的行銷經驗與專業人才，使得銷售業績一路長紅，加上財務控管得宜，獲利也相當可觀，公司也不吝獎賞同仁，收到豐厚獎金的員工都樂開懷。

溝通密碼

> 　　職場上部門各司其職，相互支援也相互監督，立場是不同的，不同並非不對，而是互相學習與妥協之處，能撇開成見，對事不對人，為一致目標共同努力，所有成果也會是共享的。

溝通
小訣竅

　　魏副總藉著海外專案合作的機會，拋開過往的不愉快，為一致的目標奮鬥，特地跑到財會部拜會康副總。

　　魏副總捐棄成見的思惟，顯現於誠懇的溝通辭句上，「撰寫這份報告，缺了你參與是不行的，請多多協助。」「財會是很重要的項目，沒有財會的規劃資料，這個計畫是空的，所以，一定要借重您的專業。」「日後在海外的營運上，也需要財務控管，康副總是不可能置身事外的。」

02 活動需要貴部門全力襄助，這樣我才可以更放心

與其擔心事後被批評、被詬病，還不如先邀大家共同商討，會議除了聽取不同意見外，還可於事前達成共識，承辦人不要害怕意見衝撞，衝撞常常會撞出好創意、好結果。

尾牙是公司藉由民間習俗聚餐，來犒賞員工辛勞、連絡彼此感情、放鬆心情，是公司年終的大戲碼。

員工引領期盼辛苦一整年，能得到公司更多的回饋，公司在當天會將所得紅利部份，宣佈以加薪、年終獎金或紅包形式回饋給員工，當然更少不了高潮迭起的摸彩活動。

JR是一家新科技產業，近千位員工為公司創造不少獲利，公司非常重視每年尾牙宴，都在三個月前就開始籌備。

今年一如往常，姜總經理約見主辦的戴愛琳經理，「今年尾牙活動有何腹案？」

戴愛琳無奈的回應：「鑑於去年經驗，尾牙結束後大家都有所批評，這不是我樂於見到的，為了讓同仁能滿意，今年我想找各部室主管開籌備會議，雖然一起研商會耗費時間，甚至延宕定案日期，但先聽聽大家意見，值得我這樣去做。」

姜總經理：「妳想如何運作籌備會議呢？」

戴愛琳：「我需要總經理的支持，用總經理室的名義發會議通知，利用中午用餐時間討論，既可以不耽誤辦公時間，也可免於忙於業務推說無暇參與的困境。」

雖然得到總經理的同意，為了擔心各部門主管另有所思，戴愛琳預先備好可能遇到質疑的解答，確保年終活動大家都能滿意，沒有事後的批評與抱怨。常常不滿意尾牙安排的業務部，是收到會議通知後，第一個來電的部門，

崔副總推托說著：「這段時間我的工作滿檔了，實在無暇參與密集會議行程。」，帶點氣憤又說：「每年尾牙活

動的安排，都是行政部門說了算，我想不用浪費大家的時間。」

戴愛琳殷切的回應：「會議是在午餐時間，不會耽誤您既定約會，**尾牙活動需要貴部門全力襄助，這樣我才可以更放心。**會議主要是集思廣義，能於事前更了解各單位的想法，這樣公司也好儘早安排，能做出符合同仁們需求的尾牙活動。」

戴愛琳接著拜訪將業務交給她的長官，尋求她的支持，以利籌備會議的進行，「鄧協理，今年尾牙活動籌劃，**我需要一些支援，想借重妳過去的經驗，幫助我完成這個案子。**」

鄧協理：「雖然這不是我現在的工作，為了辦好公司尾牙活動，我願意協助妳。」

戴愛琳：「我想在會議之前，先把一些想法跟您研究，以便在籌備會議有方案討論。」

鄧協理：「**我瞭解年終尾牙的重要性，我查一下手頭上的工作，再跟妳約時間。**」戴愛琳哈腰笑著說：「謝謝老長官愛護，我等妳時間喔！」

接著戴愛琳主動拜訪其他部室主管，展現誠意聽取他們的意見，大家對於尾牙場地選擇、用餐菜色、節目形態、摸彩形式等等都提出了看法，戴愛琳總是客氣的回應：「**謝謝你告訴我，我會認真研究你的建議。**」「**謝謝你的意見，我會提案讓大家討論的。**」「**這個意見很棒，值得大家思考、正視。**」

由於戴愛琳籌備會議前置作業縝密，私下先跟各部室主管交換意見，取得部份的共識，對於可能出現的紛歧也預作準備，所以讓籌備會議得以順利進行，早早做出決策。

溝通密碼

戴愛琳有了去年的教訓，未免重蹈覆轍，今年有備而來，首先與總經理取得默契，並尋求提拔她的長官之提案，可免去會議時孤立無援。

並於會議前向其他主管請教，預先了解他們的想法，並將他們的提案列入討論，避免自己有太多主觀意識，而陷入一片反對聲浪。

　　戴愛琳是個既不埋怨，又想方法解決的好員工，對於今年尾牙活動她早有腹案，如她說：「**我需要總經理的支持，用總經理室的名義發會議通知，利用中午用餐時間討論，既可以不耽誤辦公時間，也可免於忙於業務推說無暇參與的困境。**」

　　對於籌備會議更早已擬定對策，如她說：「尾牙活動**需要貴部門全力襄助，這樣我才可以更放心。**」「會議主要是集思廣義，能於事前更了解各單位的想法，這樣公司也好儘早安排，能做出符合同仁們需求的尾牙活動。」及「鄧協理，今年尾牙活動籌劃，**我需要一些支援，想借重妳過去的經驗，幫助我完成這個案子。**」

03 我很樂意協助，只要您配合完成這些動作

銷售部門的業務同仁是讓事情發生，會計部門的帳務人員是等著事情發生，不同人格特質適合不同性質的工作，看事情的角度迥異，紛爭與對立常常因應而生。

常言道：「擺對位置，人人是天才」。

如果把業務特質的人擺到會計部門，他們鐵定坐不住，把會計特質的人調到外勤當業務，他們會不曉得往哪裡跑，業務看大面向，比較敢衝，會計注意細節，比較保守，所以自古以來業務與會計衝突不斷。

HD是一家研發、製造與行銷醫療器材的公司，成立三十幾年來，在穩健的經營策略下，擁有不錯的海內外市場，獲利性也頗佳。

隨著佔有率的提升，便成了同業主要攻擊的對手，偶有一些客戶會在利之所趨下，而選擇別家公司同類型產品採購，服務的業務員失去長期客戶、失去固定產出的業績。

歐克文在HD公司有四年多的時間，算是業務部門半資深的同仁，公司上上下下、不同部門的同仁也都略有熟識。

一位跑掉的舊有客戶，在歐克文長期的努力下，又下了一筆為數不小的訂單，這讓歐克文感覺非常得意，完成了業務訂單填寫，呈上給部門的經理核示，羅經理也批可了這張訂單，單據轉往會計部門照會，等著總經理看過後，即可交給倉庫出貨。

心想大船入港、荷包滿滿的歐克文此時電話想起，「歐專員嗎？我是會計部門的筱真。」

「我是歐克文，有什麼事嗎？」

「我有看到你TY公司的訂單，你沒完成叁成付款手續，因為金額太大，按規定是不能出貨。」

好不容易追回的客戶，歐克文有些情緒：「我依照之前

的作業規定，為什麼不能出貨？這是大客戶耶，我保證沒有問題。」

「因為這家公司已經超過兩年沒有出貨，所以，按照規定要以新客戶方式處理貨款。」

歐克文此時火氣更大，連珠泡的抱怨：「妳們會計部門很討厭，我好不容易追回來的舊客戶，又是大訂單，你們卻百般刁難，萬一客戶跑了妳賠得起嗎？你們只會記記帳，哪懂業務的辛苦，要不是業務為公司賺錢，會計哪來的薪水領。不管！不管！妳給我蓋章就對了。」

「**對不起，沒有辦法，那是公司規定。**」

歐克文氣憤的將電話重重的摔下：「真想罵人，會計部什麼東西，只會找麻煩。」

羅經理知悉此事過程後，去電會計部門的蔡經理跟他協調此事，「TY確實是家穩健的公司，過去也是公司的忠實客戶，各方面的信用良好，希望能通融先予出貨，貨款部份我保證收回。」

蔡經理：「我能體會這張訂單的重要性，但我有責任確保公司貨款的完整。**為了公司業務成長，我很樂意協助，只要您配合完成這些動作。**」

羅經理雖然袒護自己的業務員，更知道蔡經理一向秉公處理的原則，只好轉向歐克文商討因應之道，方式之一就是請TY公司先下兩、三張小額訂單，並配合公司付款方式，一段時日後再下較大訂單。

歐克文面有難色，跟客戶的交情及私下給的承諾，如何向客戶啟齒？自己長官沒有全力相挺，會計部門又百般阻撓，心中更是忿忿不平，心灰意冷的想辭職投靠他公司。

最後，這張訂單等著TY公司付叁成現金，所以一直沒有出貨，三個月後卻傳出TY公司惡性倒閉的消息，引起業界的一陣震撼。

歐克文回想：「還好，當時公司沒有出貨，自己也沒有意氣用事。」「**有時候用不同的立場看事情、聽聽別人的意見也不錯，自己不一定都是對的，真的上了寶貴一課。**」

溝通密碼

　　會計筱真說：「對不起，沒有辦法，那是公司規定。」這樣的說法雖燃沒錯，但是容易產生對立，容易給對方刁難而不是協助的感覺，切記「沒辦法」一詞是職場溝通的重要殺手。

　　應學習主管蔡經理得當的說法：「**為了公司業務成長，我很樂意協助，只要您配合完成這些動作。**」微婉的拒絕，同時把責任還給當事人，這樣處事圓融又同理，對方通常會知難而退，對於日後公司的工作和諧會有相當助益。

溝通
小訣竅

　　應付類似羅經理不合理的要求，可以如此説：「為了……，我願意……，只要您……。」所以周經理也可如是説：「為了公司著想，我願意想想辦法，只要您能擔保款項收回的責任。」

01 您已經為這項工作做了最佳的典範

人安定才能帶來事的安定，所有人事調動都是出於善意，要把公司與部門的事情做好，不是為了某些負面的情緒、敵對的想法。

王經理是財會部門的主管，近二十人的工作團隊，是一個不小的組織，偶而會因應人員流動、升遷以及培育之需求做工作的調動。

跟公司上級討論後做了這次調動的決定，其中包括負責總帳業務的張雲珍，張專員在公司的資歷比王經理還要久，同時年紀也比王經理稍長幾歲。

張雲珍本性喜愛獨來獨往，私下不太與同事互動，常常意見也比較多，本來就是個難纏的人物，工作能力算不上優秀，倒也可以完成交付任務，但對於自己這麼資深，卻一直無法升任組長、課長職務也頗多怨言。

　　王經理知道職務的調動不只是工作的對調而已，同時也牽動著團隊和諧與士氣，對於日後工作的進行；與人事穩定更是環環相扣。

　　一旦處理不當會帶來更多無謂的困擾，對於張雲珍這樣人格特質的人，沒有十足把握是不輕易出手的。

　　眼看著日子一天天過去，王經理左思右想不著頭緒，部門的同仁私底下竊竊討論著這件事情，只是不敢公開張揚，卻等著看經理如何處理張雲珍的調動。在最後關頭的一個午後，王經理約了張專員在會議室見了面。

　　王經理準備一杯張雲珍愛喝的品牌咖啡，同時引領著張雲珍坐上設定的座位，然後輕輕關上會議室的門。

　　王經理面帶微笑送上咖啡，輕聲的說：「雲珍，首先要謝謝你！在這段時間裡。」

　　張雲珍狐疑的表情，「經理，謝什麼呢？有麼事嗎？」

　　「總帳是一個很繁雜的工作，又需要跟其他帳務員配合，然後彙總呈報，是一件不簡單的事情，**這麼長的時間妳**

都做的很好，沒有任何差錯，讓部門的工作得以順利推動，真要謝謝妳用心的付出。」「還好啦，這本來就是我的職責。」

王經理嚴肅的表情，用肯定的語氣說：「**不要小看自己，其實，妳已經為這項工作做了最佳的典範。**」「經理，您過獎了。」雖如此說，張雲真內心卻是高興的很。「這讓接妳工作的人能得心應手，同時，有很多依據可以遵循呢。」

「經理，您的意思是？」「**我想請妳幫我一個忙，好嗎？**」「幫什麼忙呢？」「**我知道你可以幫這個忙，所以找你協助。**」「真的嗎？嗯，那好啊。」

「**我想請妳在下一個工作，幫我重新做一個好典範。**」「我真的可以嗎？」「**妳都已經做到了，所以一定可以的！**」「那好啊！就聽從經理的指示。」

張雲珍帶著笑容離開會議室，同時用愉快又熱情的心情，馬上跟接她業務的人做交接。沒多久，當王經理走進辦公位置時，走道兩旁的同仁們都用敬佩的眼神注視著她。

溝通密碼

　　人事調動的主角，是一個同仁眼中難纏的人物，王經理卻以禮相待的約談，用真誠感謝的心讚美張雲珍的表現，一句「**妳已經為這項工作做了最佳的典範**」，觸動了受到尊重的張雲珍內心，受到肯定的她，接下來王經理給的指示都容易接受。

　　這是一個能力領導的時代，不會因為年紀、資歷、職務而有所不同，王經理處理別人眼中認為棘手的問題，得到一個相當好的結果，部門同仁刮目相看，心中不得不佩服，對於王經理日後的領導工作更會得心應手。

溝通
小訣竅

　　肯定別人的表現可以如是說：「**妳已經為這項工作做了……。**」徵求別人同意可以用疑問句，如是說：「**我想請妳幫我一個忙，好嗎？**」

　　王經理不斷用肯定句「我知道你可以幫這個忙，所以找你協助」、「我想請妳在下一個工作，幫我重新做一個好典範」、「**妳都已經做到了，所以一定可以的**」來讚美張雲珍打開心門，以換得對方樂於接受職務的更動。

02 話多**不如話少**，話少**不如話好**

我們永遠無法知道對方會怎麼想，總認為沒有問題的溝通模式，常常會破壞人際關係而不自知，所以要隨時惕勵自己，不要自以為是，記得，要用最佳的溝通模式與人互動，才會成為一個倍受歡迎的人。

　　參加過女同事婚宴的辦公室同仁，隔天聚在會議室一塊享用午餐，大夥七嘴八舌邊吃邊聊著，年輕人總是離不開開玩笑、糗對方的模式溝通，以獲得自己喜歡的優越感。

　　侯淑莉平常就是個愛聊天的單身大姊：「唐郁慈的老公長得真正點、真帥。」

　　藍正育故意糗侯淑莉，這是他們倆習慣的互動模式：「是啊！昨天的新郎是個帥哥，淑莉姐，妳也趕快去找一個結婚吧！」

　　姚義群曾經追過唐郁慈，吃味的對藍正育說：「哪有帥？**我怎麼看，他長得比你還要醜。**」

　　藍正育無辜被掃到颱風尾，滿臉錯愕的比了一個照鏡子手勢，想著「原來在姚義群你心中，我是以醜為起跳基準，真沒水準，連話都不會講，難怪你追不到唐育慈。」

　　侯淑莉又說：「不只是帥，唐郁慈的老公長得還蠻高的，真的又高又帥。」藍正育公正的說著：「之前我跟新郎有先見過面，我覺得我們身高應該差不多吧。」

　　沙珩櫻是個長腿妹，用不屑的口氣說：「**我覺得新郎應該比藍正育還要矮。**」藍正育又無辜被掃到，眼睛打量了一下自己，想著「原來在沙珩櫻妳的心中，我身高是以矮起跳的。」哈啦的說著：「誰不想長高一點，遺傳跟努力不努力又沒有關係。」

　　藍正育是個有風度的紳士，又用開玩笑口吻說著：「哎呀！我是不是話太多了，得罪了大家，不要拿我當話題比來比去的，我們談的是昨天的婚宴。」侯淑莉：「是啊，我昨天特別還跟唐育慈說要早點有小孩，免得當了高齡產婦，這太危險了，哈哈哈。」

結婚多年的仇真真糗著侯淑莉說：「**最沒資格說這句話的人是妳，還說人家？**」但也忘記自己一直沒有小孩的事。仇真真話一出，馬上招惹姚育群趁機消遣：「仇真真，**我看妳也沒資格要人家早生貴子吧！**」此話一出，立刻遭到同事們一連串圍剿。

「姚育群，你要不早點結婚，我看你也會父老子幼。」「姚育群，加點油，不然你到時會生不出來。」「姚育群，眼光放低一點，才會找到對象。」「姚育群，找老婆不是在找完美情人。」「姚育群，………。」

滿頭包的姚育群終於知道「**話多不如話少，話少不如話好**」的道理。藍正育為避免尷尬氣氛持續，圓滿的說：「我覺得**自己取得資格後，說別人會比較好。**」

溝通密碼

溝通時應該用正面表述，也就是用好的標準為依據，好比說記得用可以更帥來代替醜，用再高一點來代替矮，用能更富有來代替貧窮，用多賺一點錢來代替沒錢，用學聰明來代替笨。

溝通
小訣竅

姚義群曾經追過唐郁慈，吃味的對藍正育説：「哪有帥？**我怎麼看，他長得比你還要醜。**」應改為：「兩個都很帥，**兩個都有優點，每個當新郎的那天，通常都會比較帥。**」

沙珩櫻是個長腿妹，用不屑的口氣説：「**我覺得新郎應該比藍正育還要矮。**」應改為：「**我覺得藍正育應該比新郎還要高一點。**」

仇真真糗著郭淑莉説：「**最沒資格說這句話的人是妳，還說人家？**」姚育群趁機消遣：「仇真真，**我看妳也沒資格**要人家早生貴子吧！」心直口快，快人快語等不假思索的話語，容易不小心傷了對方，謹言慎行還是明智之舉。

03 如果下次辦**同樣**的活動，有哪些地方可以做的更好

往往公司所開的會議，都是在檢討各項缺失，找出達不到成效的理由，要說問題出在哪裡時，與會的人可以滔滔不絕，個個搶著發言，說出諸多項原因。如果問大家有什麼方法時，大部份的人都會低頭不語，想著別人應該多表示意見，甚至提出解決之道。

　　楊冠維是公司新到的人資部經理，主要負責員工教育訓練，楊冠維到任後就迫不及待翻閱過去資料，公司各級訓練規劃明確，也按照原定計畫執行，是個非常重視員工成長的公司。

　　看了多年歷史資料後，發現這幾年訓練工作，比較有蕭規曹隨的感覺，走到了一些瓶頸，難以突破，所以員工對訓

練滿意度有走下坡的趨勢。

楊冠維一向對訓練工作充滿了熱情，也深知再教育對員工的重要性，如果活動給員工沒有新鮮感，訓練會議就成了例行性公事，同仁參與的熱情消滅，久了成效就會打折扣。

公司已許久未辦全員訓練會議，楊冠維思索後，決定於第四季辦理，並結合優秀員工表揚大會，希望借此兩天一夜的活動，再次凝聚公司士氣與員工向心力。

首先要說服公司支持這個想法，提出的計劃必須完整且有創新性，楊冠維先向自己主管提出口頭報告，說明這項構思的目的與執行細節，獲得上級主管同意後，楊冠維便著手擬定書面資料，並將執行納入整體企劃案裡。

楊冠維將活動規劃為，第一天早上報到與公司政令宣達，下午為教育訓練時間，晚餐與員工表揚結合，並給各部門才藝表演時間。隔天早上晨運活動，接著是第二階段的培訓時間，下午則給各單位人員凝聚與工作檢討的時間，會後須交出報告給總經理室。

新的活動模式深怕同仁反彈，所以在計畫未核定前，楊

冠維就先與各部門一級主管溝通，針對大家提出的問題一一解釋與自我修正。並在適當時機邀請大家一起開會，同步調整企劃案內容，楊冠維清楚的藍圖及優質的溝通表達能力，最後獲得大家支持及總經理核可。

接下來是課程與講師的選定，楊冠維與先前合作過的幾家顧問公司聯繫，請對方提案與推薦講師，並邀請講師會談與試講，與主管及訓練課同仁討論後做成決議，希望充實的課程能讓大家喜歡。

接下來是內部作業，楊冠維召集部門同仁，擬定流程的各項細節與需求器材，選定各項工作的負責人，然後多次的情境模擬演練，以期兩天一夜的活動萬無一失。

活動前的細心規劃，活動中的認真執行，此次活動圓滿落幕，大大豐收，回到公司楊冠維立即召開檢討會。

主持會議的楊冠維說到：「這次活動謝謝各單位的合作，狀況似乎還不錯，今天邀請各位主管會議，希望各位不吝指教，**這次活動有什麼做的很好的地方，如果下次辦同樣的活動，有哪些地方可以做的更好**，請各位提出寶貴意見。」

　　陸續有主管回應：「這次活動規劃完整，執行上有所依據，大家不會手忙腳亂，若可以把這些內容傳承，以後承辦人都會有資料參考。」

　　「活動過程當中都有播放各類音樂，包含課間、頒獎、上下舞台，讓會場充滿活力，如果可以在音量及播放點更精準的話，那肯定更完美。」

　　「工作人員士氣高昂，互相支援、打氣，充滿笑容，工作手冊若能加上每項工作注意事項會更好。」

　　「才藝表演是個好點子，事前準備讓同仁融合在一起，大家也有所期待，若能來個比賽並且頒發獎金，想必同仁會更積極。」

　　「課程內容與講師詮釋都很合乎需求，下次若可以先給大家課程方向，讓大家有心裡準備可能會更好。」

　　總經理總結：「這次活動相當成功，我要感謝楊冠維經理的用心，以後公司各級訓練，比照這樣的質感辦理。」

溝通密碼

「這次活動有什麼做的很好的地方，如果下次辦同樣的活動，有哪些地方可以做的更好。」

這樣的問句，會轉移思考焦點，把問題轉向方法，從負面轉向正面，將批評轉向支持，由衝突轉向和諧。這樣的溝通模式是先肯定、讚美對方，然後提出的意見具建設性，對方比較容易接受，也比較不易感覺受到指責。

溝通
小訣竅

「這次活動有什麼做的很好的地方，如果下次辦同樣的活動，有哪些地方可以做的更好。」也可這樣說：「這次活動好的地方在哪裡？我們如何讓它更好？」而且要大家明確具體說出好的地方。

04 你覺得有什麼好方法呢？

任何活動演出，事前模擬演練是很重要的環節，在心裡先跑個幾次，讓自己跟團隊很熟悉整個流程，到了實際運作時，不只可以駕輕就熟，同時也可預防疏漏及在事前修正不合宜之處。

上司培育部屬的最佳方式，是讓部屬先去做一次、兩次或更多次，光對部屬講，部屬是無法學到經驗，部屬光用想的，也是無法體會的，唯有實際操作，才能得知哪些地方需要補強。

楊冠維為求兩天一夜的活動萬無一失，召集部門同仁，擬定流程的各項細節與需求器材，選定各項工作的負責人，然後多次的情境模擬演練。

此次活動分四大項目，公司政令時間與各部門工作檢討，交給總經理室承辦，自己負責協調。

教育訓練由自己單位承辦，交給石課長負責；員工表揚與才藝表演，交給呂課長負責，與管理部門及各單位協調，並由活潑外向的利逸雯專員串場主持。

由於過去公司辦理訓練時，常有器材遺漏的事情發生，為了不重蹈覆轍讓單位出糗，楊冠維問石課長：「有了過往經驗，為了讓訓練器材齊備，**你覺得有什麼好方法呢？**」

石課長：「我有兩份器材需求表，一份是自己公司的，一份是顧問公司的。」

楊冠維：「需求表的品項如何擬定。」石課長：「自己公司需求是根據過往經驗記錄下來的，顧問公司需求是由他們提出的。」

楊冠維：「那裡覺得這樣做有幾分把握！」石課長猶豫的說：「應該沒問題吧！」

楊冠維追問：「**有什麼方法可以萬無一失呢？**」

石課長想了想說：「我召集小組另外兩位成員一起腦力激盪，先跑三次流程，過程中列出會使用到的器材、資料與文具，再跟現有的表格整合出一份清單。」

楊冠維滿意石課長的答案立刻請問呂課長：「**員工表揚與才藝表演現在進行的如何了？**」

呂課長胸有成竹的回答：「員工表揚部份，名單請管理部門於活動前兩週提出，與表演穿插分批接受表揚，頒獎人已規劃完成並通知他們。才藝表演部份，各單位已經提出節目名稱，同時在加緊練習中，在活動前一週會正式彩排至少三次，讓大家熟悉整個流程。表演使用的音樂也轉交音控小組了，也已告知音控小組兩位成員，收集好熱場、上台、頒獎與表演等各類音樂，一週前找經理您報到，由經理教導音樂播放技巧。」

「我是節目總監，流程表由我負責規劃，活動前兩週會明確提出。持續跟利逸雯討論主持細節，一週前我們會預演五次以上，最後會跟經理當面再討論。」

楊冠維過程中不斷的微笑、點頭做記錄，讚美呂課長的經驗與用心，「主持是活動的靈魂，音樂是活動的靠背，這

117

兩樣要特別注意，要適時適切。節目流程表若能加上所需時間，能更精準掌握節目進行，不妨將它列入。」

由於楊冠維領導得宜，活動前投入大量心力規劃、準備，活動呈現出極高滿意度，活動告一段落，楊冠維便召開工作小組會議，「這次活動有大家的用心投入，我們獲得極高評價，這都是大家的功勞。每個人都要發言，這次你感覺我們有哪些地方做的很好？下次如果還要辦理類似的活動，如何能更完美呈現？」

大家在正面引導下，充滿了笑聲、和諧與正能量的氣氛，會議圓滿落幕。

最後楊冠維說：「有一事要求各位，把整個活動記錄與今天會議資料彙整，做成活動記錄傳承，讓未來舉辦活動的人可以參考，我們也可能是受惠者。若沒有問題，請於明天將資料轉給我彙整，散會後於隔壁餐廳餐聚，我要謝謝大家的努力。」

溝通密碼

問什麼樣的問題有什麼樣的答案，考試的時候，選擇題我們通常會給1、2、3、4的答案，是非題我們會給○×的答案，所以我們要什麼樣的答案，就問那個答案的問題，真正的溝通高手，就是問問題高手。

溝通
小訣竅

「你覺得有什麼好方法呢？」「有什麼方法可以萬無一失呢？」上司正面的問句會讓下屬找到正面的答案。

「這次活動有大家的用心投入，我們獲得極高評價，這都是大家的功勞。」上司要將功勞不吝的給下屬，肯定、讚美大家的付出。

05 讓促銷案定案後大家更有共識

議題討論應備妥幾個可行方案，於會議中提出供大家討論。切記，過程中應避免言辭否定對方，及不必要的對立心態，以免引起與會人員不悅，或不支持你所提出的方案。

WG是一家區域連鎖眼鏡公司，約有四、五十家的店面，是中型規模的企業，因應時代潮流與競爭需要，公司每季都會編列廣告預算，或促銷方案，在短兵相接的市場裡保有競爭力。

然而廣告與方案也不見得每次都成功，也會因為對手策略奏效搶走客戶，讓公司當季的業績瞬間滑落，所以每每在擬定方案的時候，總是費盡心思。

行銷企劃部易經理於會議前，就先擬定幾個方案與配套措施，準備向總經理與各區協理提出報告，以取得共識為公

司獲利。易經理首先報告本季進行中方案的成效，還請第一線的門市同仁積極徵取績效。

接著說：「下一季公司要主打商品是膠框鏡架，擬定的對象是學生與年輕族群。目前有三個方案，第一個方案，配一支膠框眼鏡，再送一隻膠框，第二個方案，同樣度數，第二支六折，第三個方案，配鏡送圖書禮券兩百元。還請各區協理對以上三個方案提出看法，再請總經理裁決。」

總經理接著說：「**我想多聽聽大家的想法，讓促銷案定案後，大家更有共識。**」

愛唱反調的一區蘇協理首先發表意見：「這些方案都是老掉牙了，行銷企劃部還有沒有新花樣？再這樣下去，我們都要去喝西北風了。」

二區郭協理附和的說：「整體景氣不佳，同業競爭激烈，這些方案我們能贏在哪裡呢？希望總部要多所作為。」

積極正向的三區阮協理支持的說：「我選擇第二個方案，它可增加營業額，同時增加公司利潤。」

蘇協理搭腔反駁：「上次也用過這個方案，成效有限。」

四區應協理分析的說：「我選擇第一個方案，它比第二個方案成本低，贈送的膠框，又可銷售第二支眼鏡。第三個方案我覺得效益不大，圖書禮券公司又不普遍，客戶不會因此被吸引。」

五區巫協理：「**這三個方案各俱特色，都有它的優點存在，總部真的非常用心。**以我所轄區域大學生多，圖書禮券是個不錯的選項。」

蘇協理又反駁：「圖書禮券沒有吸引力，客戶不會因為兩百元而換鏡。」

六區寇協理：「我們也可以考慮其中兩個或三個方案並行，讓客戶多做選擇，這樣或許可以做到更多生意。」

蘇協理又說：「這樣太複雜了，店員會很辛苦。」

各區協理表達過意見後，行銷企劃部易經理針對大家提出的意見做說明：「現在市場短兵相接，我知道非常競爭，

大家也都非常辛苦。這些方案雖然不盡完美，但也是我做調查並與總經理討論過，下一季可行的方案。每個方案都有它的優勢存在，考慮進貨量與折扣、贈送成本考量下，三個方案公司都差不多，重要的是門市人員要清楚最後的促銷案，同時也必須知道如何強力推動。」

經幾次來回的問答後，總經理評估大家意見後做最後裁示：「第三方案，感覺圖書禮券的公司普及性不高，對於公司產品的促銷可能比較有限。第二方案，是可以帶動第二支配鏡，但萬一客戶不選擇配鏡，會產生爭議。我覺得第一方案可攻可守，再送一支膠框，要不要配鏡由客戶決定，所以下一季的促銷案，就決定以第一案實施。」

當總經理決定後，各區協理也欣然接受。

易經理最後總結：「謝謝各區協理與會，並充分表達意見，促銷案會在本季結束前七天公佈，公文送出的同時會附上銷售話術。促銷品的膠框會在一個月前給各區、各店選項，七天前貨會送到各營業據點，謝謝大家。」

溝通密碼

　　或許總經理早有腹案，卻不想成為一個剛愎自用的獨裁者，讓第一線人員有表達意見的機會，以凝聚共識，這樣的促銷案會更有成效，所以每每要透過討論會，才做出決定，然後誠意的對大家說：「**我想多聽聽大家的想法，讓促銷案定案後，大家更有共識。**」

溝通
小訣竅

　　五區巫協理：「**這三個方案各俱特色，都有它的優點存在，總部真的非常用心。以我所轄區域大學生多，圖書禮券是個不錯的選項。**」的說法，先肯定三個方案與及讚美總部的用心，再用自己所轄市場的特色，提出跟其他區協理不同意見，是一項很好的溝通表達模式。

06 我怕會因此影響其它案子，所以我很想聽聽您的看法

這是一個處處皆行銷，人人皆銷售的年代。在對外的工作事業上，從出門費心打扮，準時赴約、優雅談吐到工作成效，所展現的職場價值；在對內的家庭角色上，從貢獻家人日常所需、關懷長幼、情感聯結，所展現的親情價值，都是為了讓別人接受你、喜歡你、不能沒有你，這些都是在行銷自我。

在行銷領域裡，或許「市場佔有率」一詞，已經慢慢被「心中佔有率」概念所取代，也就是能夠在客戶購買前，就預先想到你的企業品牌，而不做比較的以你商品為購買的第一選項。

商品、商圈多元競爭，如何把品牌做最好的行銷規劃，變成企業能否長期營運、商品能否持續熱賣的首要關鍵。

　　游尚恩是WL行銷公司的專案經理，專研市場行銷的年輕高材生，一個學理與實務都很紮實的人才。

　　某日公司總監程天擎召喚：「我在談一個新遊樂區的案子，因為最近公司案子多，大家都很忙，我還在考慮要不要接手。」游尚恩感覺這不是程總監做事的風格，「總監在考慮什麼？」

　　程天擎深知游尚恩熱愛挑戰、自我超越的人格特質，又礙於游尚恩手上案子不少，不便強加於他，所以用試探性方式溝通，慢條斯理的說：「因為這個案子很大，需要花很多時間，**我怕會因此影響其它案子，所以我很想聽聽您的看法，如果您願意協助，我就會想接這個案子。**」

　　游尚恩接過廠商提供的資料，翻閱了一些內容。此時程天擎隨口又說：「這案子很具挑戰性，如果達成了不只很有成就感，可能會更有名氣也說不定。」游尚恩心裡盤算的問著：「何時要結案？」程天擎小心的說著：「還有五十多個工作天。」

　　游尚恩：「結案時間的確很緊迫，我思考看看……。」游尚恩低聲問：「那公司能給我什麼支援？」程天擎好似早

就安排好的脫口說出：「給你兩個助手協助這個案子。」

程天擎知道游尚恩為何離開前家公司，是公司接了個燙手山芋，硬是交給他負責，後來老闆嫌他案子寫不好，根本行不通，讓他極度挫折。

游尚恩曾告訴程總監，當時他覺得『案子有問題根本不想接，是公司硬塞給我的，都沒有討論空間，太不尊重我的專業。好歹我也很努力，沒有功勞也有苦勞，說我案子寫不好，根本行不通，對我而言就像蹲「苦牢」一樣痛苦。』

程天擎雖然是上司，他懂得對這些專業同仁應有的尊重，記取別人教訓，避免重蹈覆轍，「這個案子對公司、對你、對我都很重要，我們每週開會一次，我會隨時協助，同時掌握進度不落後。」

游尚恩思考一會兒，程總監又願意提供他的經驗，在雙方取得默契後，決定一起來面對挑戰。程天擎讚賞的說：「**尚恩是個有理想的人，理想會讓你永保高昂鬥志**，朝著既定目標前進，企劃案個個都會有好結果，祝福你，也祝福我們成功。」游尚恩得到高手協助，展開笑容大喊：「加油！加油！」

溝通密碼

　　現在職場上下層級越是夥伴的關係，上司越是命令式的指揮方式，下屬越是難以被接受，優質的領導溝通模式，更能讓上司得心應手，而了解部屬的人格特質，也是上司一門必修的功課。

溝通
小訣竅

　　具有挑戰與時間壓力的案子，需要參與者一起討論可行性，上位者應誠心、據實以告，不該有任何隱瞞，這樣才能同心協力，發揮集體戰力。可效法程天擎「因為這個案子很大，需要花很多時間，**我怕會因此影響其它案子，所以我很想聽聽您的看法，如果您願意協助，我就會想接這個案子**」的說法。

07 要正向看待同仁提出的意見

企業即老闆，老闆即企業。
領導人的風格引領企業文化走向，企業文化
是企業的靈魂，是推動企業前進的源源動
能，它包含著非常廣泛的內容，其核心是企
業的精神和價值觀。

　　Sam是外商公司的執行總監，受過美式教育既年輕又幹
練，他深知團隊合作的力量，唯有團隊和諧才能一致對外，
開展企業的競爭力與未來性。每季一次的榮譽團結會議，是
Sam的一項創意，由下而上的方式，讓基層員工的意見都能
被重視，目的就是為了公司的榮譽與同仁的團結。

　　榮團會公司上下都得參加，公開方式討論同仁個人意見
提案，如此可避免在某些議題上，有密室協商或小圈圈決策
問題，也可藉由會議決策，讓大家更有共識，達成互相監督
與激勵作用，行塑另一種企業文化。

Helen是榮譽團結會議的秘書，負責會議的執行、記錄與追蹤，會議前一週收齊提案，並先向Sam討論此次提案內容，「有幾個提案我覺得怪怪的，而且都是Lala主任提出的，每次榮團會她的意見都特別多，許多同仁私下都對她多所抱怨。」

Sam：「我們應該要正向看待同仁提出的意見，更應該給予高度肯定，才不至於扼殺一個可能很好的想法，至於提案是否能通過，要訴諸於全體員工決定。」

Helen：「她這次提案公司員工旅遊，能否補助家屬部份費用？我認為這應該在福委會提出，才不會耽誤大家時間。」

Sam：「這可能是公司沒看到的面向，應該聽她的說明與理由。或許有補助，家屬更有意願參與公司旅遊，有助提升家屬與公司情感交流。」

Helen：「報告總監，可是福委會的錢非常有限。」

Sam：「所以我們需要聽聽大家的意見再做決定，錢不是考量的問題，成效才是關鍵。」

Helen：「另外她還有三個提案，1.下班辦公桌要大家收納整齊；2.同仁間應多微笑、打招呼展現熱情；3.業務部門電話有時沒人接聽，可能會影響公司生意。我看提案有點小題大做，而且業務會議就可以提出，幹嘛要在榮團會呢？」

Sam：「下班辦公桌要大家收納整齊。或許她擔心不慎遺失檔案，或商業機密外流，讓辦公桌整齊是舉手之勞，再次提醒大家沒什麼不好，不是找碴，還是為大家好。」

Sam又說：「至於同仁間應多微笑、打招呼展現熱情。**或許我做的還不夠，我應該帶頭示範，來感染整個職場氛圍**，如果同仁們願意一起努力，那效果會更好。而業務部門電話有時沒人接聽，可能會影響公司生意。這值得我們觀察，或許通話系統與業務運作需要進一步檢討改進，**唯有內部顧客滿意，外部顧客才有滿意的可能。**」

Helen逼問著：「Lala主任每次榮團會問題都好多喔！您真的不覺得很煩嗎？」

Sam：「Lala主任是個熱情積極的人，才會主動提案，都是為了讓公司更好，我們應該給予鼓勵，不該用異樣眼光

131

看待，再次強調，**不要害怕衝撞或避免衝撞**，要正向看待同仁提出的意見。榮團會不是批鬥大會，有它存在的必要性以及意義，目的是要大家更團結、更和諧。」

Helen：「Sam您胸襟真大，在你領導下公司同仁都非常和諧，業績也蒸蒸日上。」

Sam：「我要感謝大家，所有成果都是同仁一起創造的。」

溝通密碼

「至於同仁間應多微笑、打招呼展現熱情。或許我做的還不夠，我應該帶頭示範，感染整個職場氛圍，如果同仁們願意一起努力，效果會更好。」這是一種婉轉的說法，避免相互指責，造成大家不愉快，領導人承擔責認，並鼓勵同仁一起努力以求改善。

「唯有內部顧客滿意，外部顧客才有滿意的可能」，員工永遠是最好的監督者，領導者必需要有此強烈認知。

溝通
小訣竅

　　Sam是一個優秀的領導人才，從認定榮團會是個正向平台，並肯定每個員工的創意開始，如他說：「**我們應該要正向看待同仁提出的意見，更應該給予高度肯定，才不至於扼殺一個可能很好的想法，至於提案是否能通過，要訴諸於全體員工決定。**」

　　並化解員工內在對立的心態，如他說：「Lala主任是個熱情積極的人，才會主動提案，都是為了讓公司更好，我們應該給予鼓勵，不該用異樣眼光看待，再次強調，**不要害怕衝撞或避免衝撞，要正向看待同仁提出的意見。**」最後，將成果歸向大家，自我不居功，如他說：「**我要感謝大家，所有成果都是同仁一起創造的。**」

08 有沒有什麼需要我協助的

職場上不要成為一個不斷批評政策、責怪他人、抱怨事務的人，這樣肯定不受同事歡迎，對自己不好，對團隊不好，再有才華也很難容於團隊，要小心不要讓自己成為這樣的人。

　　韓旅威是職場的新鮮人，還在三個月試用階段，這是他半年找到的第四個工作。

　　之前三個工作，韓旅威不是覺得跟老闆理念不合，同仁間互動冷漠、就是覺得公司環境不佳、沒有什麼發展性等等，都在一週左右就選擇自動離職。

　　江澤剛在QD公司快滿三年，這是他第一份工作，與韓旅威是同部門同事，又是從同所學校畢業，所以多了份同事以外的情誼，他觀察到韓旅威有些不正確心態，學長愛護學

弟的心自然湧出：「學弟，**剛到新公司一切還好吧！有沒有什麼需要我協助的？**」

韓旅威：「我有點快待不下去了。」江澤剛：「才來兩週而已，為什麼呢？」韓旅威：「是我的問題，也是老問題。」

江澤剛：「什麼問題說來聽聽，或許我能幫忙。」韓旅威：「我覺得老闆有很多決策與主管觀念都錯了，如果再繼續呆下去，我會很痛苦。」江澤剛：「**你怎麼知道他們是錯的？**」韓旅威：「我的認知與經驗告訴我的。」

江澤剛：「許多**政策不可能一開始就完美，需要邊做邊修正，如果一直看你所謂的缺點，那就無法啟動，沒有開始就不可能創造好結果。**同時，你很多觀點是沒經過試煉，敢保證真的可行嗎？」韓旅威：「可我看明明是不可行的。」

江澤剛：「你有你的眼光，老闆有老闆的經驗，過去很多成功的案例，是在別人眼中錯誤的決策。我覺得你很有領導人的特質，但是**要領導別人之前，必須先學會接受別人領導。**學弟你還年輕，需要歷練的事還很多，不管是好是壞，對你都是難得的經驗，而經驗是我們最缺乏的。」

135

韓旅威：「除了上面長官我不適應外，下面的同事也很難相處，同事都不太打招呼。」江澤剛：「**要別人怎麼對你，自己要先怎麼對別人，大多數的人都等著別人對他好，還不如我們先對別人好**，尤其你是一個新人，更需要主動向大家問好。」

韓旅威：「我怕跟別人打招呼，別人不理我。」江澤剛：「你有沒有想過，別人跟你打招呼，會不會也擔心你不回應呢？」韓旅威：「喔！我沒想過別人也會擔心。」江澤剛：「**不要只用你的角度看事情，也要用別人的角度看事情。同時，主動打招呼是對的事情，對的事情就積極去做，不要太在意別人的眼光，主動的人會有好人緣。**」

韓旅威：「這些以前我都沒想過。」江澤剛：「所以啊！年輕人我們要學的事還多著呢。」韓旅威：「另外還有公司環境不佳，感覺未來也沒有什麼發展性。」

江澤剛：「環境不可能都如你所願，更不會都剛剛好，合乎你的想像與需求，任何階段都會有挑戰存在。**而且挑戰只會越來越大，挑戰與機會是並存的，沒有了挑戰就沒了希望**。公司的硬體設備雖然不是那麼新穎，可是大家的心都是良善向前的，是值得在一起的打拼好夥伴。」

　　韓旅威：「學長真的懂很多，我需要多向你學習。」江澤剛：「還好，我只是用心看待事情，同時我清楚自己要什麼，就不會成為莽莽撞撞，常常誤闖叢林的小白兔。」韓旅威：「學長說得有道理，我會調整我的心態重新出發。」

溝通密碼

　　「剛到新公司一切還好吧！有沒有什麼需要我協助的？」江澤剛用協助的心態，不用批評、質疑的語詞，對方比較會敞開心胸，毫無遮掩侃侃而談，才能達到溝通想要的目的。

　　「你怎麼知道他們是錯的？」江澤剛不用責怪方式直接說韓旅威錯了，反而是用反問的口氣質問，這樣的方式比較不會得罪對方，同時也可聽聽對方真正的想法。

溝通
小訣竅

　　江澤剛的發言不斷提醒韓旅威要有同理心，才不會
有所偏頗，變成一個剛愎自用的人，好比**「要領導別人
之前，必須先學會接受別人領導」**、**「要別人怎麼對
你，自己要先怎麼對別人，大多數的人都等著別人對他
好，還不如我們先對別人好」**、**「所以不要只用你的角
度看事情，也要用別人的角度看事情」**

Part 3

與客戶溝通時該怎麼說？

想讚美客戶時，這樣說

01 是一桿進洞沒錯吧，太厲害了

02 這台鋼琴是為誰買的

03 老伯伯您身子很硬朗，兒孫都很有成就

04 我相信你有能力處理好

05 這個建議真好，我們會按照您的意思積極改善

與客戶互動時，這樣說

01 按規定是不行的，可是我願意想辦法幫您問問看

02 送達的資料先提供您做參考，若有其他需要再告訴我

03 我們要做的永遠比承諾還要多，而且要超過客戶的
   心裡預期

04 雖然不捨，那也是沒辦法的事

05 霉氣沒了，您要發大財了

06 無論有沒有找到，我都會主動給您回覆

07 沒有按照原定契約履行，我願意退還差價

08 每週都會彙整看屋資料給我，既細心又有用心

09 妳處理的非常好，我們可再研究有沒有更好的處理模式

10 有哪些需要改善的地方？請告訴我們

11 我們卻應該主動關懷，因為這個發球權在我們手上

12 因為心情不好，做出不禮貌的行為，敬請原諒

01 是一桿進洞沒錯吧，太厲害了

> 在行銷的領域裡，先把自己賣掉，才能把商品賣掉，讓客戶接受你、喜歡你，對於銷售產品絕對是優先條件。

　　戚老闆是一家中小企業主，是個典型白手起家的成功故事，戚老闆一向做事穩健，個性節儉低調，更不好高騖遠追求名利。

　　創業三十年來生意平穩，獲利率還不錯，這幾年一些轉投資也小有斬獲，財富累積讓已至耳順之年的戚老闆，也有解甲歸田交棒的計畫，給自己一個捨不得享受的退休生活。

　　下一代已成氣候，公司交棒不成問題，只要隨時監督即可。但擔心超過二十年退休日子，在可能只出不進的情況下，如何安心頤養天年，所以能有自給自足不需後代擔心的財務做後盾，卻是非常重要。另外也擔心手上的資金變

薄了，或者投資失利不見了，所以想趁著現在好好作一些規劃，保有這些資產的價值，甚至變得更大。

秘書找了一些資料，看了幾家投顧公司的產品做了研究，最後剩下五家的產品符合老闆的需求，秘書整理後將資料呈給老闆過目，並一一約詢這五家的業務代表。

徐泓昌是投顧業的二年級生，雖然才三十歲，卻是一個很專業又充滿熱情與活力的業務專員，所以業績一路飆升。

一個午後到辦公室見戚老闆，介紹公司的產品，穿戴得體的徐泓昌禮貌性的見過戚老闆後，就先開口說：「戚老闆首先謝謝您給泓昌這個機會，還望您多提拔。我之前有看過貴公司的一些資料，真是一個很有成就的公司，戚老闆您真是領導有方，值得大家學習，有機會晚輩多多來請益。」

戚老闆客氣的回答：「還好！還好！隨便做做，沒什麼值得說的。」「不好意思，戚老闆我能不能請教您一個問題。」其實徐泓昌一進辦公室就觀察了週遭的一些佈置。「請說。」戚老闆對於這麼積極的業務代表倒也很欣賞。徐泓昌用手指著說：「我剛一進門就看到那邊的獎牌，**是一桿進洞沒錯吧，太厲害了。**」

戚老闆開心的說：「沒錯！就幾個月前，打了一輩子的球，這是第一次，哈哈哈！」

「恭喜！恭喜！戚老闆球技了得。」

「那是球場給的紀念獎牌，卻花了我不少錢。」不成文的規定，一桿進洞要請球友吃飯，一起慶祝難得的幸運，少則數十萬元，多則上百萬元都有可能。

徐泓昌趁著戚老闆開心之際，不斷的請教一些高爾夫球的相關話題，戚老闆也因為心門被打開，一直的說著自己的休閒活動，打高爾夫球的種種樂趣與經驗，在近一個小時的晤談中，八成的時間都是戚老闆在說話，徐泓昌就坐在旁邊仔細聆聽，並隨時點頭、微笑。

離開前，戚老闆喚秘書進辦公室，囑咐秘書準備數百萬元的資金購買徐泓昌公司的產品，秘書不解的問：「老闆，怎麼這麼快就做決定了，還有兩家沒有談呢。」

溝通密碼

　　銷售人員對於自家產品必須相當清楚，同時更應涉獵廣泛知識，跟客戶溝通時有更多話題，高爾夫球未必人人能打，但對於高爾夫球的常識，或許可以略有知悉。

　　先交朋友，再談生意。徐泓昌透過觀察，聊到戚老闆的休閒樂趣，剛好投其所好，戚老闆感覺見到知音一般，心門敞開不設防，凡事都好談。

　　之前戚老闆已經看過各家商品，產品雖然個個不同，但差異性不大，跟誰買都可以，在一句「**是一桿進洞沒錯吧，太厲害了**」，看似激烈競爭的狀況下，徐泓昌卻輕易的拿到訂單，正符合了「客戶接受你，才會接受你的產品」的概念。

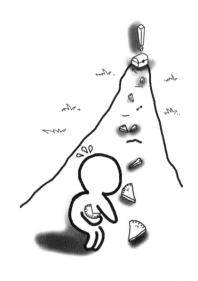

　　注意客戶擺設的物品，通常陳列出來的都是客戶的驕傲；或最有紀念意義的，這個話題是最能觸動客戶內心的。

　　徐泓昌這段話也極能拉近主客關係，「我之前有看過貴公司的一些資料，真是一個很有成就的公司，**戚老闆您真是領導有方，值得大家學習，有機會晚輩多多來請益。**」值得大家借鏡仿效。

02 這台鋼琴是為誰買的

業務人員在銷售過程，不見得要不停的講，有時候可以用疑問句請教客戶，透過傾聽客戶心聲，用展現同理心來獲取訂單。

高小美是個純樸的鄉下女孩，家中排行老大，下面還有一雙弟妹，媽媽身兼父職。

從小就羨慕村裡有錢的小孩，能穿好、吃好、用好的，雖然如此她並沒有自暴自棄，反而激發了向上的決心，比一般女孩更高的毅力、鬥志。

高中時，很多同學上下學都有車接送，「擁有一部屬於自己的汽車」，這是她年輕時的夢想，所以大學畢業後，第一份工作就是汽車銷售，希望藉由高收入來改善家庭生活，及圓自己年輕時的夢想。

　　夢想永遠是工作最大的動能，對於學餐飲觀光的女孩來講，汽車還真是個既接近又陌生的玩意，高小美秉持著吃苦耐勞個性，從生硬的汽車原理、汽車構造，到靈活的業務技巧、客戶服務，一步一步的摸索學習，加上隨傳隨到的服務，讓客戶都很喜歡她，所以很多舊客戶都會介紹新客戶，讓高小美的業績與收入與日俱進。

　　這天，高小美拜訪一位轉介客戶，介紹人沒有太多描述，只說是一位老鄰居有換車的計畫。高小美到了客人一樓門口，外面停了一部有棚架的貨車，車子散發出一股味道，如果沒錯這老闆應該是個豬肉販。

　　沒想太多的高小美按了電鈴，一進門，車庫裡有另一部國產房車，看得出車子保養照顧的很好。家裡擺設整齊，稱不上氣派，感覺卻是一塵不染，是個溫馨的家庭，女主人應該是個愛乾淨、會理家的人，從種種觀察這老闆不是一般的販夫走卒。

　　「苗老闆、老闆娘這是我的名片，請多指教。」高小美遞上名片，同時看到桌上有各廠牌車種的目錄。「喝口茶，請坐。」苗老闆是個老實不多話的人，一旁的老闆娘雖然沒說話，卻看得出是個幹練的人，家裡應該由她作主。

「多謝您們給小美服務的機會。」「我們還在比較，還沒做決定。」「當然。讓小美有機會來拜訪，就應該說聲謝謝。」

從進門高小美就不斷觀察，好奇的她不禁的問：「苗老闆家裡好乾淨，一塵不染，擺設好整齊，這要費好多工夫，真不容易，我想老闆娘勤勞又用心。」「攏是太太的功勞。」在旁的苗太太一樣不動聲色。「**我能不能冒昧請教苗老闆，旁邊這台鋼琴是為誰買的？**」

高小美剛好問到林老闆的驕傲，「妳不要看我是個豬肉販，我很重視孩子教育，這是為大女兒買的，我們希望她能學鋼琴，後來我的小兒子有興趣，也跟進了，買這台一舉兩得。」「妳看，那張照片是女兒參加比賽，得獎後的全家福紀念。」苗老闆用手指著鋼琴上的老照片。

「哇，好棒，林老闆您一定很驕傲有這對兒女。」「哈哈哈，是啊，一轉眼他們都長大了，大女兒現在到國外唸書去了，小兒子也上大學了，好久沒聽到琴聲了。」這時旁邊的老闆娘有了一抹微笑。「彈鋼琴是我從小的夢想，我好羨慕您的孩子，更羨慕他們有您們這樣的父母。」高小美訴說著自己的故事。

老闆娘終於開口：「是妳客氣，現在學也來得及。」高小美心酸酸：「哎呀，我沒那個福氣啦。」一來一往的客套話後，高小美問：「**您們決定什麼時候交車？**」

苗老闆一時心開豁出去的說：「下月初好了。」一旁的老闆娘沈住臉色，看老公演什麼把戲，「就決定L級銀灰色這部好了，下個月八號交車給我。」，林老闆轉頭說：「太太去拿十萬塊錢當訂金。」

此時，高小美從包包拿出備妥的訂單，快速的完成簽約手續。老闆娘質問老公為什麼要跟女生買車？

苗老闆說：「看這麼多目錄，有我比較偏愛的車子。高小姐很親切，好像自己的女兒，朋友介紹說她人好，服務又好，這麼打拼的業務員，不跟她買要跟誰買？跟她買車，算幫她一點小忙。」

溝通密碼

　　業務員銷售時絕對要避免罐頭式，流水式的講話。多觀察客人及週遭的狀況，並質問一些有建設性的話題，讓客人多發表一下意見，從中找到有利成交的因子，並適時適切的試著締結。

　　高小美避免碰撞自己的弱點，也就是生硬的汽車專業，從而發揮自己的優勢，用服務代替銷售，用貼心、細心來贏得芳心。從開頭的問句「**旁邊這台鋼琴是為誰買的？**」，到後面的「**您們決定什麼時候交車？**」快速獲得業績，用問句最容易找到您要的答案。

溝通
小訣竅

　　假設成交的溝通模式如「**您們決定什麼時候交車**」，「你決定哪一種式樣」、「你喜歡哪一種款式」或「你喜歡哪種色系」等等，都可以協助業務員進一步了解客戶的想法，進而贏得訂單。

03 老伯伯您身子很硬朗，兒孫都很有成就

人生有些事是不能等待，其中一項是孝敬父母。我們無法選擇自己的父母，父母也無法選擇自己的小孩，無論是好是壞，父母或小孩都是最親近的人，唯有努力扮演好自己的角色，沒有任何怨恨，才是為人基本之道。

　　根據統計，台灣六十五歲以上人口已超過260萬人，佔總人口數比例約11.5%，依過去經驗推估，到了民國114年，台灣高齡人口比例將會達到20%，進入所謂的「超高齡社會」，顯示台灣人口老化嚴重，老化速度比起美日都還要快。

　　孔旭然今年七十有七，自從老伴走了之後，就變成台灣新興一族「獨居老人」，孩子要父親到國外一起定居，可是孔老先生不喜歡，他說：「那裡言語不通、道路不熟、出門總要人陪、又沒有老朋友可以談心，整天關在屋子裡，這種

悶日子不適合活潑開朗的我。」婉拒了孩子的邀請，孔旭然決定獨自留在台灣，與孩子達成協議，父親要落腳老人之家才能如願。

參觀了幾個處所，就是缺少一份感覺，所以還是沒有著落，孩子心急如焚，孔旭然卻依然老神在在。

GN是孩子從網路搜尋到的養老村，孔旭然聽孩子建議過來參觀，服務人員親切接待，「歡迎蒞臨，我是服務員韋詩敏，請多多指教，在介紹參觀之前，要請孔伯伯幫忙先填一份問卷。」

孔旭然不以為意：「參觀就參觀為什麼要填問卷？」韋詩敏親切回應：「這份問卷是讓我們更了解你的需求，這樣我們也好做後續的介紹安排。」

孔旭然一邊填問卷，一邊嚷嚷著：「我只是參觀而已，還沒決定要住進來喔。」韋詩敏：「當然！當然！我們一定會尊重孔伯伯的意願。」孔旭然寫問卷的過程非常順暢，一點都不吃力，韋詩敏讚嘆的語氣說：「**孔伯伯眼力真好，可見您身子很硬朗，外表看起來比實際年齡年輕許多。**」

　　孔旭然馬上停筆述說：「記得十幾年前，我還去爬玉山呢！別人都爬一座主山峰，我可連爬四座山峰。」韋詩敏：「哦，孔伯伯真的好厲害！」孔旭然忘情說著登上主峰的驕傲，都快忘了手上該填的問卷。韋詩敏耐心聽著，**不忘隨時點頭、微笑，說好棒、好厲害。**

　　最後，韋詩敏看著填完的問卷：「孔伯伯，**您的兒孫都很有成就，都在國外有這麼好的發展，您很幸福。**」孔旭然客套的說：『這有什麼用？只印證了一句話「孩子越有成就，離父母就越遠。」』韋詩敏：「這也沒辦法控制的事，重點是他們對您都很孝順，都很關心您，孔伯伯很幸福。」

　　孔旭然：「這也是我忘記孤單、很欣慰的地方。」透過影片介紹了養生村，並實地參觀各項設施，以及舉辦的各項活動，韋詩敏一路上呵護著孔伯伯，而且互動良好，讓孔旭然倍加溫暖。

　　孔旭然忽然停下腳步，問：「那各項費用如何計算？」韋詩敏：「參觀完了，待會兒我們坐下來，我在跟孔伯伯說清楚好嗎？」孔旭然欣然回應：「那好。」對於接待人員的服務，及各項規劃都很滿意的他，內心想著我「應該會來這裡住吧！」

溝通密碼

「逢物加價，逢人減歲」，每個人從小到大都需要被肯定、被讚美、被關照，當您習慣把對方擺在第一位，您會得到應有的尊重與回饋。

溝通小訣竅

韋詩敏「**不忘隨時點頭、微笑、說好棒、好厲害**」展現親和力，把客戶關心擺在第一位。又讚美「**孔伯伯眼力真好，可見您身子很硬朗，外表看起來比實際年齡年輕許多**」、「**孔伯伯，您的兒孫都很有成就，都在國外有這麼好的發展，您很幸福。**」讓還在做選擇的客戶感受溫暖，因而贏得這份訂單。

04 我相信
你有能力處理好

> 不論在任何國度裡，人類的需求都是一樣
> 的，都在追求快樂、幸福、美滿的生活，用
> 這最根本的角度去處理紛爭，通常都能夠獲
> 得圓滿解決。

台灣醫療的進步，造成老年人口比例升高，工作年齡人口扶養老人比率（扶老比）越來越高。

另外生活壓力越大，年輕夫妻生育率降低，造成工作年齡人口扶養幼兒比率（扶幼比）越來越低，人口失衡的問題，已經是國家國安層級的問題。

工商競爭隨之而來的經濟壓力、雙薪家庭、超時工作、退休年紀延後，種種現象讓家中長輩乏人照料，尤其身體出狀況，無法生活自理的長輩，更為孩子帶來困擾，外籍看護工的引進，為這些家庭帶來解決之道。

　　PS人力仲介創業近二十年，憑藉著務實的作風，服務的客戶穩定成長，創辦人鄭永進說：「看護工需求就如毒品一樣很難去除，**只要服務做到位，需求有增無減，不需刻意開發客戶，客戶自然會介紹客戶。**」

　　雇主與看護工溝通問題，是這行業層出不窮的狀況。孟千育是鄭永進朋友也是客戶，先生長年經商在外，婆婆都由她照料。

　　這日孟千育去電給鄭永進抱怨：「新的外勞一直吵著要休假，我告訴她不行，合約上明明寫著不能休假，她工作態度就越變越差，我很擔心上班時她會出狀況。」這是常碰到的問題，鄭永進很有經驗的說：「休不休假雙方溝通好就好了。」

　　孟千育：「可是語言不通，外勞聽不太懂，溝通有困難。」鄭永進：「我派個翻譯去協助妳好了。」

　　孟千育：「我看她還是想休假，不如我換個人好了。」鄭永進規勸的說著：「我們工作都要喘息一下，外勞也是人，**適度的休息，會有助於工作品質的提升，休息才能走更遠的路。**如果她提出要求，表示她有這個需要，壓抑不是最

155

好的解決方法。」孟千育：「婆婆也擔心她接觸太多人，比來比去的，會影響她的工作，更會不聽我們的話。」

鄭永進說道：「外勞來台的目的是賺錢，改善家裡的環境，**追求幸福美滿的生活，這些跟我們都是一樣的**，妳婆婆擔心是多餘的。將心比心，**我們工作希望雇主對我們好一點，現在我們當了雇主，員工也會希望我們對她好一點。**根據我的經驗，這些離鄉背井的外勞，妳對她好一點，她們都會感受得到的。」

孟千育聽了鄭永進的規勸，覺得好像有點道理，但不免心裡還是擔心，「如果我想換一個好不好。」鄭永進：「至少這幾個月下來，她對工作已經有點熟悉了，換一個還要重新適應，未必會更好，如果她現在離開了，千育妳要怎麼辦？」「翻譯會過去協助處理，但長期相處的是妳們，**我相信妳有能力處理好，只要用同理心付出關懷，她們會懂得回饋的。**」

孟千育勉強的說：「那就照你說的做做看吧！」鄭永進肯定的說：「妳是我的好朋友，公司也會站在客戶這邊，**相信我的經驗，也相信妳的能力，妳一定可以的。**」

溝通密碼

　　鄭永進做事客觀又細膩，用心裡需求的觀點來處理事務，「**適度的休息，會有助於工作品質的提升，休息才能走更遠的路**」、「外勞來台的目的是賺錢，改善家裡的環境，追求幸福美滿的生活，這些跟我們都是一樣的」、「**我們工作希望雇主對我們好一點，現在我們當了雇主，員工也會希望我們對她好一點**」、「這些離鄉背井的外勞，妳對她好一點，她們都會感受得到的。」這些將心比心的說法，只要你能做到位，一定有好的人際關係。

溝通
小訣竅

　　「相信我的經驗，也相信妳的能力，妳一定可以的」這樣激勵的說法，有助於信心的提升，信心是做事最大的動能。也可以如此說「以我的經驗觀察，妳一定有能力可以處理好的」。

05 這個建議真好，我們會按照您的意思積極改善

這是一個行銷時代，也是個服務的時代，透過服務他人，而換取該有的酬勞，無論你在什麼行業、扮演什麼樣的角色，都免不了要會行銷自己，積極服務他人。

DH之友協會是SD藥廠成立的社福協會，目的是回饋長期服用SD某種特殊疾病藥品的病患，給予獎、助學金的贊助，這也是現代企業回饋社會的一種模式，直接給消費者利潤的回饋。

龐瑋博是愛奇兒的家長，孩子患了DH疾病，這是一個需要長時間醫治的疾病，而且很不容易痊癒，在醫師的處方籤裡，有多種使用SD生產的藥品，是SD長期的愛用者。

158

十月中旬，收到DH之友協會寄來的獎、助學金申請資料，龐偉博是去年第一次透過學校才得知這個訊息，還以為學校會輪流給孩子機會，今年沒有機會申請呢！

公文註明申請截止日子是十月底，時間有點緊迫，挑戰之處是需要看診醫師的證明，自己很幸運，月底前三天早已預約看診，否則不容易完成申請資料。

公文來得這麼晚龐偉博有些疑惑，便主動去電DH之友協會詢問，「去年是由學校得知此訊息，今年為何由協會通知呢？」

接聽的服務人員賴英芝回應：「公文暑假期間已經寄到學校，可能是放假期間，公文處理有些疏漏，有這次經驗，我們以後會改在九月初寄發。」

龐瑋博又問：「收到公文的時間有點慢，準備相關文件很緊湊，有沒有改可以善的空間？」

賴英芝：「可能是學校沒有轉告，今年到目前為止申請件數太少，因為時間緊迫，所以協會主動補寄給去年申請的人。」

龐瑋博是個熱心的人，聽到協會處理獎助學金一事，有些可以做得更好的地方，便主動獻策：「能否請協會在申請基本資料裡，給家屬填具一些電子通訊資料，**協會可在每年獎助學金申請前，用這些資訊提醒大家。**」

　　賴英芝：「每年獎助學金申請截止日都是在十月底，請你們記得在之前，主動上協會網站，下載申請表格就可以了。」

　　龐瑋博對於這樣的心態頗不以為然，不知「**給別人方便，就是給自己方便**」的道理。

　　這是一個暨經濟又可解套的方法，可以節省許多經費與時間，舉手之勞對大家都好，服務人員不肯承擔這樣的責任，還把它推給別客戶，如果是個營利機構，這樣的處理方式，客戶保證跑光光。

　　龐瑋博認為福利機構也應該用企業經營模式，需要主動行銷、主動公關、主動服務，不能只是被動等待，否則在時機轉換的時候，會被社會大眾所遺忘。

溝通密碼

　　職場上做事要保有主動協助、積極處理、迅速追蹤這三先的態度，您的工作將會充滿活力、激發鬥志，這樣上司會喜歡你、同仁會欣賞你、客戶會黏著你，最後你會成功贏得競爭力。

溝通
小訣竅

　　龐瑋博問：「收到公文的時間有點慢，準備相關文件很緊湊，有沒有改可以善的空間？」用疑問句試探性的詢問，是很好了解對方答案的溝通模式，也是一種委婉建議方法的前奏。

　　服務人員應該將「每年獎助學金申請截止日都是在十月底，請你們記得在之前，主動上協會網站，下載申請表格就可以了」改成「龐先生您是個熱情的人，**這個建議真好，我們會按照您的意思積極改善**，謝謝您的建言。」

01 按規定是不行的，可是我願意想辦法幫您問問看

現今的市場競爭更加劇烈，產品生產過量，行銷變成企業成敗關鍵，第一線的業務人員稍有閃失，客戶就有可能擦身而過；一不留神，原有的顧客就悄悄流失。

周協理是一家股票上市公司財會部門主管，公司平時數億元的營運資金，都會做必要的投資規劃，讓資金在合法安全的標的下獲利，所以都是投信與銀行競逐的大客戶。

礙於業務機密的關係，周協理個人直接負責這項資金的操盤，所以平日都得撥出時間，對各項基金產品做深入研究。

周協理觀察到KS投信的各檔基金操作績效都相當良好，如有機會的話應該可以考慮購買，為公司資金獲取更多

利益，然而忙於既定業務，KS公司也沒有往來的業務員，所以就擱置了一段時間。某日，KS投信公司的業務員余進丁主動來電，表示要來拜訪周協理。

第一次見面時，余進丁準備了各檔基金的資料並做了簡報，離開時將各項書面資料留給周經理參考，希望有機會為這家公司服務，同時約定一段時日後再來訪。

為了第一次見面，余進丁做了很多功課，先了解周協理公司的一些背景，訪談過程中也做了很成功的互動，由於周協理對於余進丁公司的產品早已認同，成交的機率應該相當的高，差別只是金額多寡的問題，對於即將新成交的大客戶，余進丁離開時心中充滿快樂。

約定好第二次見面的時間，余進丁準備了訂單愉快的赴約。周協理這段時間做了一些研究，同時衡量了公司現金的調度，對於KS公司原本的操作績效，心裡已經有了盤算。

余進丁不斷的吹捧操盤的經理人以及績效，同時也不斷炫耀自己的服務有多好，還有更多、更大的客戶及業績，希望藉此獲多更高額的訂單，一點都不在意周協理的任何反應。

在余進丁志得意滿的同時，周協理提出疑問：「如果我們個人購買，會不會有同樣的手續優惠呢？」

滔滔不絕、渾然忘我的余進丁回答說：「**不可以，我只服務VIP的大客戶，那些散戶我沒有時間服務。**」

鑑於過往，周協理替公司購買的基金獲利都相當好，引起董事長夫人及高階幹部的留意，更因周協理長期專注各項產品的資訊，所以，這些幹部紛紛購買透過周協理介紹的基金。周協理試探性的問了余進丁，希望能像之前購買的公司，給個人戶跟法人一樣的手續優惠。

其實周協理是在擴大余進丁的業務績效，幫他尋找顧客，但是他卻自己給辭退了，不但失去了法人的績效，同時也失去了意外的散戶績效，真是得不償失。

余進丁還不斷的說著自己很忙，以及多為VIP客戶著想的例子，所以沒辦法為這些散戶服務的原因，周協理對於余進丁的態度打了退堂鼓，心想看看再說吧。

對於今天有八成把握可以拿到訂單的余進丁有些失落感，不知道為什麼會這樣子，自己到底哪裡做錯了？

日後，余進丁時常來電要見周協理，得到的答案不是沒空，就是財會部門的柯經理接見，都沒辦法見到周協理。煮熟的鴨子飛了，這時余進丁才驚覺自己一定得罪了周協理，或是哪裡做錯了。

溝通密碼

　　「說對了話，無價！說錯了話，得付出代價。」印證了本書前言一開始說的話。

　　余進丁犯了業務員滔滔不絕，自以為是的錯誤，都忽略了客戶感受，以及隨時出現的購買訊息，周協理心想這麼好的基金，如果同仁要購買，卻得不到優惠，心裡會覺得很沒有面子，所以提出了要求，沒想得到的答案是強硬的否決，一點轉圜的餘地都沒有。

　　其實，余進丁只要說：「**按規定是不行的，可是我願意想辦法，幫您問問看。**」來代替「**不可以，我只服務VIP的大客戶，那些散戶我沒有時間服務。**」這樣比較有機會獲得訂單，客戶通常會喜歡想辦法幫他忙的業務員。

溝通
小訣竅

　　「按規定是不行的，可是我願意想辦法，幫您問問看。」也可以如是說：「根據以往的經驗是有些困難，但是，您都願意介紹客戶了，我哪有不幫忙的理由。」、「按規定是不行的，但是，你都願意成為我的客戶了，我會幫您爭取看看。」

02 送達的資料先提供您做參考，若有其他需要再告訴我

業務員主動積極爭取業績是正常的舉動，但不了解客戶的人格特質與行事作風，自己認為對的事情，就有可能是妨礙你創造業績的元兇。

為了公司閒置資金有效的獲利，周協理也會主動發現好商品，這些長期互動的業務員，也會定期來訪爭取業績，尤其在景氣不佳、同業競爭激烈的市場氛圍下。

對於主動提供商品資訊的業務員，只要時間許可，周協理通常都會接見不拒絕，或於電話中給於充足的時間。

JP公司的倪珮玉已近半年未來拜訪，特地帶了幾組獲利相當好的產品資訊，提供給周協理參考，「這些資料先提供您做參考，若有需要再告訴我。」

167

　　由於許久沒有聯繫，給周協理些許的陌生感。倪珮玉自己也有點不好意思，業績不佳才來拜訪，好像除了產品，也無法多聊幾句，難得爭取到的約會，似乎沒有收穫。

　　MX公司的李長新是承接之前業務的專員，跟周協理接觸沒多久，卻常常提供產品訊息，電話中禮貌性的說：「**貴公司上半年業績不錯喔**！我公司最近有一些獲利頗佳的商品，我會把這些商品資料寄給您參考，再找時間拜訪周協理。」周協理爽快的答應李長新的邀約。

　　第一次見到周協理後，就一直無法直接跟本人互動的KS公司余進丁，有了前車之鑑，這次特別小心，想盡辦法也要與周協理連絡上。

　　余進丁告訴柯經理：「散戶手續費的問題我已經請示公司，只要周協理介紹的，通通給予優惠，能不能讓我跟周協理講一下話？」

　　柯經理傳達了訊息，周協理心想：「我介紹的散戶就是董事長夫人等等，她們夠買的金額，其實不輸給公司法人的，哎！我想幫你，你卻拒絕，只能說你真沒這個福氣，就看日後造化了。」

　　周協理還是禮貌性接了電話，余進丁急著說：「上次周協理有答應我，十月份公司資金比較多時，要向我購買產品，再幾天就十月了，什麼時候過去拜訪您比較方便？」

　　如此壓迫性的問話，周協理真想馬上掛掉電話，「我有如此說嗎？」

　　余進丁正經的說：「第一次見面時，周協理親口說的。我缺業績，請周協理幫幫忙，我都願意為你爭取手續費了，拜託！拜託！」

　　周協理對於余進丁的態度頗不以為然，委婉的說：「會的，會的，我準備好會請柯經理跟您連絡。」余進丁高興的以為大訂單即將到來。

　　QZ公司的薛婷婷跟周協理已互動兩三年，很了解周協理的個性與公務繁忙，所以盡量不耽誤他太多時間，提供的資料都會提前送達，多在正常下班時間前電話聯繫。

　　薛婷婷：「**之前送達的資料先提供您做參考，打電話是想請教協理有沒有想多了解的地方，若有其他需要再告訴我。**」周協理了解薛婷婷是個細心、用心的業務員。

169

周協理：「薛小姐，妳寄來的資料我利用空檔全看完了，找個時間過來一趟吧，公司會買個幾百萬。同時董事長夫人剛好問我有哪些基金可以購買，她聽了我的意見，應該也會有個幾百萬。」

薛婷婷聽了周協理的話簡直說不出話來，過去經驗告訴她，周協理不隨便承諾，承諾的事與金額從不會折扣。

溝通密碼

過去周協理有請教過QZ公司的薛婷婷基金的事，薛婷婷好壞都確實以告，不會為了個人業績而犧牲客戶的利益，所以頗得周協理信賴，當有機會時，客戶願意全力相挺。

余進丁正經的說：「第一次見面時，周協理親口說的。」無論真相如何，爭辯是最壞的溝通模式，尤其是對請託的一方。

又說「我缺業績，請周協理幫幫忙，我都願意為你爭取手續費了，拜託！拜託！」這是利益交換說，如果交情不夠，通常客戶不吃這一套，而交情必須來自長期的累積，態度更決定客戶對你的接受度。

03 我們要做的永遠比承諾還要多，而且要超過客戶的心裡預期

產品瑕疵與客戶抱怨，是再次提供顧客滿意的機會。根據一項調查指出，顧客對產品與服務不滿意時，會跟十一個人講，而滿意時只會跟六個人講。

　　這是一個以客為尊、以服務為導向的時代。無論您在哪一行、什麼職稱、什麼樣的工作內容，其實大家全都是服務業，透過服務他人，來換取應得的酬勞。

　　社會不停進步中，許多之前不能讓人接受的行業，在政府監督以及嚴謹的法令規範下，也都能步上軌道，那些常被詬病的行業缺點，一一改善後，隨之而來的是一個極具前瞻

的產業，日後在同業良性競爭，與政府強力作為下，殯葬管理業就是個明顯的例子。

林祈蘋是這個行業的禮儀師，從基層助理幹起，雖然家人說這個行業沒有自己的生活，半夜或已熟睡的清晨，不論刮颱風、下豪大雨，只要客戶一通電話就要出門，連同學聚會要遞出名片都會覺得尷尬。

但是，林祈蘋出於一個使命，就是「**讓亡者有尊嚴走完最後一程，服務過程讓家屬安心並傳達孝心。**」讓她沒有選擇的繼續往前走。

郝有行是第一次為長輩辦後事，透過介紹才認識KB禮儀公司，過去對這個行業，跟大多數人一樣其實不熟，也因誤解而沒太多好感。

林祈蘋得知往生訊息後，立即前往協助：「我是這次負責的禮儀師，**過程當中有任何疑問，隨時可以找我，二十四小時待命服務。**」並對往生者恭敬的清潔大體，郝有行有了首波感動。

隔日，治喪協調會通常兩小可以完成，郝有行對於往

173

生習俗不了解，後面卻有諸多長輩提供意見，尤以擇日衝煞哪些生肖，及法會進行的方式，分歧的意見讓郝有行無所適從，討論時間足足多出一倍。

雖然時間冗長，林祈蘋耐性的逐一解答，對於還沒定案的內容，詳細記錄，希望能讓整個治喪圓滿完成，郝有行有了再次感動。

隨著時間過去，各項法會順利完成，所有工作也準備就緒，告別式前兩天，郝有行家屬說：「有九朵彩色蓮花要置放在典禮的供桌上。」

林祈蘋不假思索的應答：「好，沒問題。」其實林祈蘋沒有這樣經驗，同時心想「**還有空間可以陳列嗎？如何呈現會讓家屬滿意？**」

成長都來自過去沒有的經驗。林祈萍入行後，心裡一直想著「**要讓有形與無形的客戶全滿意**」我們的服務才算做到位。

決定跑一趟會場勘查，供桌確實尚有空間可以擺放，如果平放，那就無法完美呈現這九朵彩色蓮花，一向反應頗快

的林祈蘋，有著豐富告別式經驗，「用燭臺架蓮花，將九個燭臺蓮花呈弧行圍繞，應可完美呈現。」

告別式當天，提此構想的家屬看了驚動不已，內心非常敬佩林祈蘋的用心，並感動她對先人無為的付出。

典禮完成後，家屬一一握手感謝林祈蘋的協助，讓先人最後一程功德圓滿，郝有行說：「感謝妳的協助，讓我更了解你們這個行業，我有太多成見了，你們真不簡單。妳不厭其煩回答我們提出的考題，並化解我們自己家屬的紛爭，讓先人後事可以順利進行，非常佩服妳，我考慮再為長輩準備一張生前契約。」

林祈蘋客套的回答：「**我們要做的永遠比承諾還要多，而且要超過客戶的心裡預期**，家屬滿意，是我們最大的安慰。我的經理常說，禮儀服務是一個無法推銷或請朋友幫助業績的商品，唯有透過每次服務，讓所有接觸家屬跟與會來賓滿意，我們的路才能走的更長遠。」

曾經有人對於林祈蘋只會做事不會交際很擔心，但她一直堅持自己的本份，相信真誠、認真會被看見。

175

溝通密碼

　　人類常常犯錯，對不甚了解的事情，道聽途說，斷章取義，或用自己有限的視野去判斷，帶著諸多負面定見去做評斷，但通常在自己經歷過後，才真正了解怎麼一回事，經驗，永遠是最好的智慧。

溝通
小訣竅

　　林祈蘋不假思索的應答：「好，沒問題。」其實林祈蘋沒有這樣經驗，同時心想「**還有空間可以陳列嗎？如何呈現會讓家屬滿意？**」的說法，是服務人員心態最佳寫照，並用正面積極的方式，問自己問題的答案，最終如願以償的找到完美解答，最後客戶滿意，自己更有成就感。

04 雖然不捨，那也是沒辦法的事

儀器或工具會幫助佐證，既然都已經準備好了，為何不亮亮相，尤其對一個客人重要的決定，更需要利用科技來說服對方。

伍立綱年過半百，上了年紀的他更懂得保養身體，無論從飲食起居、活動筋骨、防曬保養到牙齒保健，通通都關照到位，所以外表比實際年齡年輕許多。

某日用餐時，伍立綱不小心咬到一塊小骨頭，瞬間感到非常疼痛，直覺有異物刺進牙齒裡，不舒服的讓用餐無法繼續，伍立綱立即拿出牙籤，努力的要將異物挖出，只是方向跟往常不一樣，使勁的處理還是感覺怪怪的。

疼痛一陣陣的接著，伍立綱覺得事情不太妙，立即去電常看的牙醫診所，卻要等上四天才有時間，伍立綱想還是到固定去的診所比較放心，所以就耐心等待四天後的約會。

童醫師了解伍立綱狀況後，馬上指示護士拍X光片，以了解牙齒實際狀況，伍立綱躺在診療椅上，期待有好結果。

童醫師看著X光片：「哇！狀況不太好耶。」伍立綱著急的問：「怎麼了？」童醫師自己用手拿著X光片，斜斜的看著說著：「牙齒裂開了。」伍立綱聽到牙齒裂開了，下意識想著：「完蛋了，這顆牙齒保不住了。」

童醫師又說：「你運氣比較差，骨頭剛好直直插入，又恰巧咬到最脆弱的地方，所以就造成這樣的結果，我建議應該把這顆牙齒拔掉。」伍立綱對於童醫師未將X光片給他看，心裡泛起些些懷疑，感覺是否另有其它隱情？是否故意擴大病情，以穫取後續植牙的利益。

童醫師：「另外安排一個專拔智齒醫師的時間，為你拔牙，時間大概要一個月左右。我現在先把這顆牙齒磨低點，以免不小心碰到會很痛。」伍立綱心想：「若如你所言，牙齒裂開須拔除，一個月未免也太久了，能等到那個時候嗎？若非你所言，把牙齒磨低了，這牙齒不也等於報銷了嗎？」

伍立綱對著童醫師說：「這樣好了，安排拔牙的時間，牙齒先暫時不磨平。」童醫師對於病患的不配合也只能說：

「好吧！那就照你的意思，請你等時間再過來拔牙。」隨後又補上一句：「**如果你懷疑，也可請別的醫師看看。**」

伍立綱對於未能看到所拍的X光片，心裡的確有到別家看看的盤算，免得冤枉了這顆天生的智齒。

伍立綱隔天便到另家牙醫診所，拍過X光後，看診的蔣醫師請伍立綱移駕到螢幕前，透過放大的X光影像，清楚看到牙齒確實裂開，而且有三分之二多，伍立綱看了心裡雖然難過，但也比較踏實。

蔣醫師：「根據我多年的經驗，裂縫超過三分之二，用牙套恐怕不牢靠，斷裂的風險也相對提高。**為了不影響旁邊牙齒功能，我會比較建議您立刻拔掉，雖然不捨，那也是沒辦法的事。**」

伍立綱聽了蔣醫師的一番話，決定接受他的建議，「好吧！既然留不住，就依照醫師的意思。」蔣醫師：「伍先生非常有勇氣，請您兩天後的晚上七點再過來一趟，記得要先用晚餐喔。」

溝通密碼

　　客戶的需求，才是銷售人員的需求，但通常客戶不會告訴你，他的需求是什麼，唯有透過平常經驗的累積，不斷的觀察、不斷的修正，才會找出因應之道，獲取客戶之心。

溝通
小訣竅

　　童醫師對於伍立綱的不配合，隨口補上一句：「**如果你懷疑，也可請別的醫師看看。**」把情緒發洩給顧客，非明智之舉，失去了生意，也失去了格調。

　　還不如學學蔣醫師專業的說法：「根據我多年的經驗，裂縫超過三分之二，用牙套恐怕不牢靠，再斷裂的風險也相對提高。」「為了不影響旁邊牙齒功能，我會比較建議您立刻拔掉，雖然不捨，那也是沒辦法的事。」

05 霉氣沒了，您要發大財了

根據行為心理學的研究，兩造互動時，每個人都會先看對方如何反應，然後再做出自己的因應，如果對方和顏悅色，通常反應也會比較平和，如果對方怒目相向，通常也比較會用負面的情緒回應。

拜現代醫學發達所賜，人類活得更健康漂亮，全民健保的實施，讓國人平均壽命不斷提升，「預防勝於治療」「早期發現，早期治療」等保健觀念也漸漸深植人心，有心人更會做定期健診、定期追蹤，來確保身體的健康無恙。

陸鳴浚是健診中心的服務專員，診所在現有醫療資源下，開創出不同的價值，所以能持續保有競爭力，文明病越來越多的趨勢，讓這塊健診市場是有增無減。

陸鳴浚這天驅車前往客戶家中，載客戶至診所參觀，這

181

是客戶的要求，他只好配合，陸鳴浚通常不會這樣做，都是向客戶說明後，如有疑慮再預約自行前來參觀。

劉大姐是轉介的客戶，對談中發現她內心有諸多疑問，又很難取信於人，而且要求甚多，直覺是個不好成交的客戶。車上談了些有關健診的話題，劉大姊似懂非懂亂問一通，陸鳴浚有時不曉得如何回應，但是他保持應有的耐心與氣度。

忽然間「碰」的一聲，嚇壞了陸鳴浚與劉大姊，「**抱歉，車被撞了！**」陸鳴浚從後視鏡看到一部飛快的車撞上了他，撞擊力頗大，讓他們倆個瞬間都往前傾，

劉大姊大叫一聲，「哇！怎麼這麼倒楣，這是我第一次遇到。」陸鳴浚非常不悅，真是耽誤我的工作，「撞這麼大力，完全沒有煞車，天氣這麼熱的夏季午後，是睡著了嗎？還是在玩智慧型手機？」

原本有些情緒的陸鳴浚，眼前浮出上課的記憶「**事情本身沒有它的意義，都是自己付予的**」，

馬上心念一轉：又有人要幫我換新保險桿，真要謝謝

他。沒車開對我是件麻煩事，但只要安排好就好了。**撞我的
人絕對不是故意的**，我要保持好情緒、好風度。

陸鳴浚下車查看，整個後保險桿變形破裂，後門也扭
取變形，可見撞擊力有多大，後車一點煞車也沒有，但他心
平氣和的說：「**老闆這一撞，您的霉氣沒了，您要發大財
了。**」

肇事者不以為然的回應說：「什麼發大財，我要去接客
人旅遊，這一撞，時間來不及了，我的客人也飛了。」

陸鳴浚立即拍照記錄，同時撥打電話請警方處理，並置
放故障標誌於車水馬龍的路上，內心愧疚的肇事者則躲到車
上不知所措。處理事故的警察要雙方討論到底誰錯了，並要
求雙方不得吵架，

陸鳴浚笑著說：「警察先生你放心，我們是成熟的人不
會吵架。」

肇事者先指責說：「是你的錯，你亂變化車道，我有行
車記錄器可供參考。」

陸鳴浚先遞上名片，胸有成竹的輕聲回應：「這位老闆，以我的經驗，您沒保持行車距離，車速應該不慢才會撞上我，把行車記錄提供給警方吧。」

交通警察：「我已經將肇事現場拍照並做成記錄，若雙方沒有達成共識，會交車禍鑑定小組鑑定，鑑定時雙方都要付費。」

肇事者知道自己錯了，向警察坦承：「好吧，是我錯了，我願意賠償對方損失。」

陸鳴浚：「老闆多謝您，保險公司會付擔所有修車費用的。」

陸鳴浚一上車便向劉大姊抱歉：「對不起，耽誤您寶貴時間。」劉大姊難得露出微笑說：「這是很難得的經驗，我學了很多，也不是你的錯。」

從見面開始到處理車禍的過程，劉大姊對陸鳴浚是越看越喜歡，這個年輕人彬彬有禮，有專業、有耐性、好談吐、好EQ、又會處理突發事故，心想「這份健診我跟你買定了。」

溝通密碼

第一線的服務人員，舉手頭足客戶都看在眼裡，用此評估你的待人接物，當作購買與否的參考。陸鳴浚平時有好的學習、好的修煉，展現在處理突發事務裡，默默為他贏得一筆生意。

溝通
小訣竅

「事情本身沒有它的意義，都是自己付予的」是處理不愉快事情最佳標語，再用同理之心，正面的自我對話「**撞我的人絕對不是故意的，我要保持好情緒、好風度。**」而後產生好行為、好的互動「**老闆這一撞，您的霉氣沒了，您要發大財了。**」讓原本可能產生衝突，耽擱更多時間的交通事故，輕易化解，得到圓融結果，意想不到的收穫。

06 無論有沒有找到，我都會主動給您回覆

第一線客服人員，接到客戶服務電話，要把他當作自己客戶一樣看待，用主動、積極、迅速的態度處理，讓客戶感到滿意，為公司留住客戶。

　　胡紫雲是個理財高手、有保險概念的家庭主婦，透過不同管道買了幾張保單，但有些因為業務員離開而成了「孤兒保單」，所以後續服務，只能透過公司0800客服專線協助，沒有業務員主動幫忙，什麼都要自己來，心裡真不舒服。

　　胡紫雲右眼因水晶體變混濁，造成視力模糊，決定近日住院開刀，這種俗稱的白內障，只要換顆人工水晶體即可恢復視力。胡紫雲術前再次檢視保單，有兩家公司買了住院手術補助醫療險，單一手術最高理賠都是三萬元，有醫療保險

可申請，和因應各種視力狀況考量，決定使用最貴的人工水晶體。

　　整理好兩份理賠資料，分別用限時掛號寄給HM、PC兩家公司，為了確保資料收到無誤，三天後，胡紫雲主動打服務專線詢問，得到不同的回應，

　　HM：「抱歉胡小姐，我們尚未收到您寄來的資料，我們會找找看，請您改天再來電查詢，謝謝。」

　　PC：「胡小姐真的很抱歉，公司電腦系統這幾天出了點狀況，所以無法立即查詢。等會我幫您查查看，**請留下您的連絡電話，無論有沒有找到，我都會主動給您回覆。**」

　　胡紫雲當下對PC的服務感到滿意，對HM還要她改天去電，覺得如此處置極為不妥，客戶權益未受到重視。

　　PC服務人員兩小時內回電，「確定收到您寄來的資料，初步審核資料齊全，會盡快辦理理賠，若有缺件也會主動告知。**這段時間電腦系統維修，但理賠還是按原有流程進行，大約十五個工作天會完成，**請多多包涵，若有其它需要服務的地方，敬請來電，再次謝謝。」

　　再隔兩天胡紫雲去電HM公司，「胡小姐，有收到您寄來的理賠資料，目前已經在審核中。請您留下電話，若有什麼狀況我們會跟您連絡的。」胡紫雲終於放下心中罣礙。

　　胡紫雲術後不到一個月，便收到PC公司理賠支票，與PC公司互動雖然短暫，可是對於他們的服務卻感到窩心，日前接到保險公司服務滿意度市調，指出會介紹客戶給PC公司的直覺是正確的。

　　都收到PC公司理賠支票了，該問問另一家公司進度，得到的回覆竟是：「胡小姐，沒看到您的資料，您確定什麼時候寄來的？」胡紫雲口氣很不舒服的說：「上次的小姐說有收到，而且已經在辦理中。」

　　HM：「上次是什麼時後？是哪位小姐說的？」胡紫雲更火冒三丈：「我怎麼知道是哪位小姐，已經辦了三個星期，還把我的資料搞丟了，你們這是什麼公司？」HM：「是這樣嗎？那我幫您問問看。」胡紫雲：「不用問了，幫我轉理賠主管，我當面問他。」

　　HM：「如果是這樣，那我請理賠主管跟您回電好。」想跟理賠主管對話，卻一直得到會主動回電的答覆，胡紫雲

勉強答應，記下服務人員姓名，並要求今天下班前要得到答案。

傍晚，胡紫雲接到回覆：「我是HM公司理賠主管，非常抱歉，造成您的困擾，**案件尚在審理中，我們會儘快完成的。**」

幾年前，胡紫雲左眼開刀未住院，HM不願給最高的理賠金，感覺被刁難，這次右眼開刀，理賠拖延了二個月，真不曉得HM公司在想什麼，胡紫雲滴咕的說：「買了你們公司保險，算我倒楣。」

溝通密碼

客戶只會在意自己的權利，不會在乎廠商的成本，廠商要抱著「客戶永遠是對的」原則，處理客戶抱怨和客戶理賠，顧客關係惡化，受害大的通常是廠商。制定因應策略與做好員工訓練，加強事前模擬演練，永遠是需要的課題。

「等會我幫您查查看，請留下您的連絡電話，無論有沒有找到，我都會主動給您回覆」PC公司的說法，跳脫一般客服人員服務模式，用主動、積極、迅速的精神，為公司留住客戶的心，贏得再成交的機會。與「HM公司沒看到您的資料，您確定什麼時候寄來的」和「我幫您找找看，請您改天再來電查詢，謝謝」的說法，成了強烈對比。

「上次是什麼時後？是哪位小姐說的？」的說詞，落入了爭辯的陷阱，好像回應客戶您在說謊，有沒有證據？服務人員要用同理心體會客戶心情，用相信客戶的態度去查證，才不會不小心得罪了客戶而不自知。

07 沒有按照 原定契約履行， 我願意退還差價

「誠實為上策」，當你說了一個謊言，怕被識破、害怕損失時，要準備更多藉口以掩飾之前的謊言，主動認錯沒什麼不好，當下或許會有許多損失，但日子久了，你將會得到更多，如不肯承認錯誤，當謊言被揭穿後，損失將無法彌補。

隨著國人所得的提升，休閒活動成為生活中不可或缺的一部份，藉由休閒度假來紓解工作壓力，舒緩生活緊張，凝聚公司成員情感，成了一股風潮，到國外旅遊已經是稀鬆平常的事了。

邱文澤是小型旅行社老闆，憑藉著個人社交與業務能力，讓自己生意十幾年來頗為順遂，「**廣結善緣，誠實經營**」是他事業經營的座右銘，旅遊前為客戶規劃最好行程，

期望旅遊中能盡情歡樂，旅遊後大家成為知心朋友，一輩子的好朋友。

在競爭的旅遊業是很重視關係行銷，客戶續購與客戶轉介極為關鍵，要讓客戶滿意、超過預期、物超所值，每個環節都不能疏漏，所以每次行前規劃邱文澤都緊盯不放，一開始規劃錯誤，後面將會付出無謂代價，方向如果偏失，再多努力也是枉然。

邱文澤已經很少親自帶團了，這次日本賞楓團是自己的老客戶，是KG企業高階主管定期海外旅遊，檔次很高的旅遊行程，為了服務這些老朋友，邱文澤這次決定御駕親征，以保萬無一失，客人玩得盡興。

除了行前說明會外，旅遊資料務必面面俱到，充分揭露，飯店與餐廳通常是最易出狀況的地方，一定要求當地旅行業者按合約履行。

飛機降落機場，將團員交給當地地陪，開始愉快的旅程，途中地陪告知邱文澤：「年底賞楓旺季，到處人滿為患，今、明兩天原定的飯店，因作業疏忽超賣，沒留我們的房間，需要更換住宿地點。」

邱文澤非常生氣，行前特別千叮萬囑還是出鎚，如何向客戶解釋呢？午餐後便主動向大家說明：「首先我要跟各位致上最深的歉意，有些事情我無法完全掌握，今、明兩晚無法按計畫入住原定飯店。我已要求當地的旅行社給我們一個合理的解決方式，現在要請問各位的意見，有兩個選擇，一個是換同等級飯店，住較遠的地方，或降一級的飯店，可以在同一區域裡。」

家屬質疑旅行社一貫伎倆，事前不說，到了當地再做協調。因為之前互動，邱文澤給客戶充分的信賴感，KG老闆主動化解家屬的疑慮，並跟同仁取得共識，為了進出時間考慮，接受降一等級飯店入住。

感謝KG立即做出決定，邱文澤誠懇的說：「沒有按照原定契約履行，我願意退還差價，要求地陪明天立即以日幣賠償。這兩晚入住前飯店前，會送上水果籃至每個房間，這是我個人心意，聊表對各位的歉意。」

同行的眷屬說：「上次我們美西行，也有類似情形發生，餐廳也不符合規格，旅行社逃避責任不肯承認，經我們提出異議時，還不斷爭辯，我們鍥而不捨的追問下，旅行社才坦承有疏失。回國後十天才退還差額，要不是多少有點交

情，我們早就向品保協會申訴了，如果這樣，他的損失鐵定會更大，最後我們公司決定，不再跟那個不誠實的旅行社配合了。」

溝通密碼

邱文澤多年努力付出，取得客戶信賴，是快速化解這次危機的重要關鍵，「要怎麼收穫，先怎麼栽」，之前沒有勤於灌溉，到了收成季節是無法豐收的，臨時抱佛腳對諸多事情是很難辦到的。

溝通
小訣竅

「沒有按照原定契約履行，我願意退還差價，要求地陪明天立即以日幣賠償」邱文澤用負責的態度面對缺失，並主動承認錯誤，根據經驗，先認錯的人最後都會是贏家。

「這兩晚入住前飯店前，會送上水果籃至每個房間，這是我個人心意，聊表對各位的歉意」邱文澤不只退回客戶應有的權益，其實某個角度客戶也算損失，對自己沒完成應盡的責任，向客戶賠償，這是非常好的舉動。

「經我們提出異議時，還不斷爭辯，我們鍥而不捨的追問下，旅行社才坦承有疏失。」與客戶斤斤計較，像拔河比賽一樣，放一點，再放一點，最後還是全盤皆輸，業者應正向面對、快速處理，才會從失去中贏回全部。

08 每週都會彙整看屋資料給我，既細心又有用心

回應是影響力重要的手段，平常有互動，情感才能維繫，若是更需要主動的一方，就得用心付出多加關懷，不是到了自己有任何需求時，才想起對方的存在，要求對方協助或配合，通常這樣，得到的答案都是否定的比較多。

　　根據調查，台灣人一生中約有三次換屋機會，都會區的平均更高於這個數字，二三十年努力換一個新家，兢兢業業為買主篩選與把關，熱情積極的服務兩造雙方，是房屋仲介人員勝出之道。

　　隨著全國各地交通網路建設、醫療品質提升、生活設施完善，遠離擁擠的城市，移居鄉下漸漸成形。鍾國奇決定把北部房子出售，居住近二十多年的環境，情感上雖有不捨，

但是為了讓退休生活更放鬆，決定移居出生的南部，用先買後賣方式，來處理房屋的轉移。

交給專業人士來處理就對了，房子出售前，鍾國奇就留意附近成交行情，信箱平時收到的房屋資訊，做重點式的保留，房子出售時，就不會沒有頭緒。平常留下的房屋訊息，很快找到合適的銷售員，住同社區從事仲介業的就是最好的選擇，由於他們對社區環境了解，進入狀況會比較快。

為了早日出脫房子，換取退休生活現金，「六六大順」先後跟六家仲介公司簽約，將機會給更多銷售人員，誰能先找到買主，賺取服務費，就各憑本事了。簽定銷售期限三個月很快就過去了，房屋並未如期銷售出去，到了是續約與否的時間了，鍾國奇決定跟其中三家續約，太太問他為什麼做此決定？

鍾國奇說：「跟AS公司簽約後，店經理便帶領公司銷售人員參觀房屋，一方面機會教育，一方面展現全員銷售決心。AS公司的專員帶看房子後，**客戶有特別訊息的，都會跟我回應**，表示有把我的房子放在心上。」

鍾國奇又說：「而BP公司的專員，**每週都會彙整看屋**

197

資料給我，既細心又有用心。對於有出價的客戶，也會及時給我訊息，讓我了解客戶的想法。」

鍾國奇又說：「CM公司專員，帶看客戶前，都會先給我電話說明，客戶看屋後有任何回應，也會再電話回報，**颱風前更會幫忙緊閉門窗，做好防颱因應措施。**」

鍾國奇又說：「其它三家雖然都將資訊PO上網，可是我無法了解有何進展，有時我去電想了解銷售狀況，不是沒接電話，就是看到未接電話，也不會主動回電。銷售專員偶而來電，常說客戶開價較低，問我能否降點價，早日成交。」

我給他們的答案通常都是：「簽約前，我有充分掌握本社區之前的成交價格，我的房子屋況好，平常都有粉刷維修，值得這個價錢，謝謝您的服務，請再加油吧。」

鍾太太終於知道先生為什麼跟其中三家簽約，而拒絕另外三家的原因，原來先生都有深入觀察，才做出這樣的決定。

溝通密碼

　　房屋買賣，賣方通常是訊息的被動者，過程中銷售人員要主動提供訊息，讓屋主充分掌握銷售脈動，了解你所做的努力，客戶看在眼裡的現象，就是續約與否的參考。

溝通
小訣竅

　　鍾國奇的說法：「客戶有特別訊息的，都會跟我回應」、「每週都會彙整看屋資料給我，既細心又有用心」、「颱風前更會幫忙緊閉門窗，做好防颱因應措施」證明一個成功的業務人員，都相當重視細節，為他人著想的。

09 妳處理的非常好，我們可再研究有沒有更好的處理模式

很多事情並非只有對和錯，也不是一方對，一方就是錯，尤其是客戶抱怨更需要深入了解，以免失去客人，又讓處理的員工心裡受創。

晚上下班回家，吳佰榮看到太太臉色不悅，想為太太甄月虹解解悶，便輕鬆的問：「親愛的，今天有什麼好消息可以跟我分享？」

甄月虹怒氣沖沖的說：「今天被我們副總削了一頓，心情很不好，少惹我。」

吳佰榮心疼的問：「能跟我分享什麼事情嗎？太太妳一定沒有錯，讓我來評評理。」

老公輕鬆逗著，甄月虹心情稍稍舒緩：「今天公司收到一份客戶投訴，週日有一群遊客抱怨，說我們門口服務態度很差，沒有重視遊客權益。副總要我過去，沒聽我任何解釋，就莫名其妙的罵我一頓。」

吳佰榮同仇敵愾的說：「怎麼可以如此不明究理的罵人呢？白副總處理方式不可取。」

甄月虹是遊樂世界業務部經理，負責業務推廣與遊客服務，週日下午三點左右，一群遊客到達門口購票，得知週一開始有星光票販售，要求購買較便宜星光票入園，並要星光票附帶的餐點一份，真是索求無度。

售票員告知目前沒有星光票可販售，客戶無理取鬧的不停要求，場面一度僵硬，甄月虹得知後，為顧及其他遊客觀感，用公司教育的雙贏原則處理，雙方各退讓一步，給這群遊客團體票優惠，只是折騰很久，對方才願意接受此建議。

雖然接受甄月虹意見，但還要加一份餐點才肯罷休，對方說是因為耽誤入園的時間，應該給他們必要的賠償。甄月虹為了讓這群遊客早點入園，自掏腰包，送這群遊客每人一份飲料，這次一樣折衝很久，對方才勉強答應她的提議。儘

管事件告一段落，鬆了鬆口氣，甄月虹還是相信這種事情會一再重演。

以為事件就此落幕，沒想到隔兩天剛上班，白副總便召見甄月虹告知客戶投訴，白副總見面便斥責：「妳這個經理是怎麼當的，這麼簡單的事情都處理不好，還讓遊客抱怨投訴，如何帶領團隊衝績效。」

甄月虹強忍委屈，眼淚往肚裡吞，心想：「我這麼努力為公司付出，為了安撫客戶還自掏腰包，沒得到肯定就算了，還要被罵，真是不值得。」

吳佰榮聽完太太的轉述，嚴肅的說：「太太，**妳處理的很好，雖然遊客不滿意，但並不表示妳處置失當，我們可再研究有沒有更好的處理模式。**」

甄月虹感激的說：「老公，這是我最想聽到的說法，莫名的指責真是法接受，心裡很受傷。為了表示無言的抗議，當場我向公司請了三天假。」

吳佰榮抱緊太太安慰的說：「我也請三天假，我們一起出去走走，散散心，管它客戶抱怨不抱怨。」

溝通密碼

　　前線員工處理抱怨時，未必都能讓客戶滿意，有時會因為經驗不足與權限問題，無法處理得宜，但上級教育員工時，記得清楚事情始末，勿輕信一方所言，才能獲得圓滿解決。

溝通
小訣竅

　　「今天有什麼好消息可以跟我分享」，正面的問句會引導思考正向的處理模式，簡單講正面的問句，會有正面的答案以及正面的行為。

　　「沒聽我任何解釋，就莫名其妙的罵我一頓」，自以為是的邏輯，常常會是做錯事的元兇，傾聽才可以了解事情的真相，不被自己盲點所蒙蔽。

　　「妳處理的很好，雖然遊客不滿意，但並不表示妳處置**失當，我們可再研究有沒有更好的處理模式**」，這樣的説法是從同理心出發，一起找方法解決的態度，會讓下屬得到尊重，同時上司更會得到下屬的敬重。

10 有哪些需要改善的地方？請告訴我們

所有行業都是服務業，當產品差異性越來越少時，服務品質將是企業決勝的關鍵。服務品質包含兩種，一是看不見的無形感覺，二是看得見的有形人為，若能掌握這兩要項，將會是您最佳的競爭力。

有道是「民以食為天」，台灣的飲食文化，隨著生活水平的提升，生活形態的改變，健康概念的普及而蓬勃發展，異國料理獨特風味，深受年輕人喜愛，本國料理精緻發展，期望開出一條康莊大道，在百業難進的年代裡，餐飲業卻獨樹一格，吸引各路豪傑紛紛投入。

邵群恆自己有一套吃的文化，跟時下同樣追逐美味可口、健康養生外，更喜歡選擇有感覺與優質服務的餐廳，尤其是商場的宴客招待，一定要選擇最合適的餐廳，給客人賓

至如歸的感覺，為生意談判加分。

WB系列餐廳是邵群恆的最愛，每每友人問及為何如此喜歡，邵群恆好似經營者般如數家珍，「WB的經營理念非常正確，經營理念有如行車指南針，會指引企業前進的方向，員工也會跟著腳步前進、做調整，不然就會呆不住，**方向對了，努力才有效果，方向錯了，再努力也是枉然，起步往往就是結果。**」

「這麼競爭的餐飲市場，WB的市場定位相當明確，在不同系列餐廳裡，有著不同類型的商品、不同的消費族群以及不同的產品價位，才不會自己打自己，佔有廣大市場。」

「而不同系列餐廳，卻有相同質感的服務品質，在有形的人為服務裡，都有著典雅溫馨的裝潢，質感優良的器皿與杯盤，以及精緻特色的餐點，讓人有VIP的感覺。」

「在無形的感覺服務裡，無論多少人聚餐，每套近十樣菜色，服務人員都不需詢問，某樣菜色是誰點的，且盤盤精準送到位。我說實話，這麼多菜色選項，客人點了什麼早就忘記了，一再詢問，也會打斷客人談話，是不禮貌的舉動。」

『而且，服務人員一再向客人強調，「**有哪些需要改善的地方？請告訴我們。**」當客人有所回應時，他們會用簡訊謝謝你，並強調會讓你看到他們的改善與進步。』

「這麼努力的餐廳，以客為尊的待客，讓人有回家的感覺，不知不覺就愛上她，用心的服務，創造好口碑，我們這些客人到處為WB做宣傳，口耳相傳，不就是一種免費廣告。」

『某次，我陪客人用餐，服務人員幫我完結帳後，同時遞上一張套餐抵用券送給我，我問這是為什麼？服務生親切的回答：「實在很抱歉，我剛回收餐具時，不小心將油漬滴在你背後，弄髒您的衣服，這餐券是抵您洗西裝的費用。」我當下感覺好溫暖，其實我並不知西裝被油沾到，但是他們主動告知，真的很訝異！』

「第一線服務人員，有這樣的權限是非常難得，經營者要有很大心量，平時要訓練有素，才能即時做出處置，非常佩服。」『除此之外，服務人員還會不斷詢問客人，「菜會不會上的太快？」「今天的菜還可以嗎？」「可以上甜點、上飲料了嗎？」「**還有什麼需要服務的？**」……等等，真是超貼心的，我愛死他們了。』

溝通密碼

客戶服務若用「預防勝於治療」的態度面對，就可以減少客戶抱怨發生。把常出現的抱怨預作防患，萬一出現的處置多做準備，可以避免諸多無謂的衝突，及不必要人為的消耗。

**溝通
小訣竅**

「有哪些需要改善的地方？請告訴我們」「還有什麼需要服務的」是一種傾聽客戶的說詞，是先處理心情再處理事情的寫照，服務不只是制式的人為服務，更重要的是無形的人際關懷。

11 我們卻應該主動關懷，因為這個發球權在我們手上

通常客戶服務有標準作業程序，卻常常沒有標準作業項目，如果有標準作業項目，只有按表操作，那也只能達到普通滿意的標準，也就是還好的狀態，唯有超過標準項目的服務，加入人性關懷，您才會脫穎而出。

　　台灣近幾年來的「醫病關係」有嚴重的衝突，常見病人控告醫生醫療不當，甚至發生醫務人員被打、被砍殺事情發生，醫病關係不良，根源在於門診時間很短，只有三、五分鐘情況下，醫病雙方難以建立良好關係，因此相互間缺乏信任與承諾。

　　病人不容易信賴醫師，常常同一個病看好幾個醫師，相對的醫師也不必對病人負責。事實上，醫病關係是醫療的必要條件，醫療首先就是與病人建立關係，一旦關係建立後，

醫師的所作所為就能被病人信任與依賴，負責為病人解決所有與醫療有關的問題。

曲有志是資深的婦產科醫師，從醫二十年來總是戰戰兢兢、克盡職責，因為得到多數病患的認同，主動為他作宣傳，所以病患都是醫院最多，寶寶接生數也都佔有高比例。

曲有志的電話響起，「曲醫師您好，我是新來的產房護士潘羽妁，您的病患宋馨嵐已到醫院待產，特別通知您。」

「了解，我馬上過去。」一接到電話，曲有志立刻放下手邊的事情，隨即驅車前往醫院。看著病歷，問過護士狀況後，隨即到病床看診，親切的告知宋馨嵐家屬：「目前狀況穩定，寶寶應該再幾小時會順利出生。」宋馨嵐與家屬很高興曲醫師這麼快過來。

曲醫師接到通知馬上過來，潘羽妁對於這樣的精神非常敬佩，之前的經驗，通常醫師會問產婦狀況再決定時間過來，如此積極的產科醫師是難得遇到。

曲有志：「我接生過數千位寶寶，**把每次都當作第一次**，生產看似簡單，卻是人命關天。早點過來可以讓產婦安

心，作好醫病關係，可以降低產婦緊張，預防不幸發生。」
潘羽妁：「可是這樣會耽擱很多時間！」

　　曲有志訴說他的理念：「在自然之下生產，時間本來
就無法控制，**雖然時間會拉長，卻是我應該這樣做，這是醫
師的職責，因為自然就是美，所以一切就順其自然吧。產婦
就像是我們的客戶一樣，我們有責任確保使用者的安全與權
益，雖然他們沒有告知他們需要什麼照護，我們卻應該主動
關懷，因為這個發球權在我們手上。**」

　　潘羽妁很喜歡曲醫師的觀點，但懷疑的問著：「在這之
前那個產婦指定你生產，您為什麼拒接呢？」曲醫師婉轉回
應，口氣篤定：「因為這位產婦產前檢查不是我做的，拒絕
是為了尊重他的看診醫生，同時我也不了解這位產婦狀況，
也比較容易有緊急事故發生。這也是養成病患一個病看一個
醫生的習慣，換來換去對大家都不好。」

　　潘與妁：「難怪曲醫師病患會最多，風評又那麼好。」
曲有志：「謝謝，我會努力把這份職責做好。」幾小時後順
利接生完畢，曲醫師向家屬道賀：「上天幫忙，一切順利，
恭喜恭喜。」離開時也向潘羽妁說：「上天幫忙，一切順
利，謝謝協助。」

溝通密碼

　　曲有志看似犧牲的行為，不只病患會感受到溫暖，連醫護人員也看會在眼裡，最後都成為他的傳聲筒，而且他積極的作為帶動工作士氣，正面影響整個團隊，成為一個受歡迎的醫師。

溝通
小訣竅

　　有些商品的服務，消費者不知或不敢提出他的需求，如果提供商品服務的人，能有此觀念「**我們有責任確保使用者的安全與權益，雖然他們沒有告知他們需要什麼照護**」、「**我們卻應該主動關懷，因為這個發球權在我們手上**」，便可輕易擊敗競爭對手，贏得更多商機。

12 因為心情不好，做出不禮貌的行為敬請原諒

內心的情緒，很容易毫無掩飾的表現於外在行為，這些沒經過過濾的外在言行舉止，直接讓互動的人感受到你的態度，而這些態度通常都不事情的真相，都是誤解與衝突的來源。

　　勿將私人生活負面的情緒帶進職場，這樣會打亂節奏，砸壞一些事務或破壞人際關係，上班前不妨對著鏡子笑一笑，拋開不愉快才出門，處理好心情，才能讓職場工作不出差錯。

　　武宜卉是上市公司管理部經理，也是公司重要董事會議的承辦人，除了通知董事開會、資料整理、會議記錄外，每三個月董事會點心，總讓她傷透腦筋，不但要符合董事們的味蕾，還要推陳出新，所以常利用假日逛街時來發覺新意。

　　武宜卉週末約了好友下午茶，這家KK是住家附近的咖啡廳，經常高朋滿座，她常常經過、偶而光臨的地方，武宜卉早朋友一步到達，「歡迎光臨」，制式的歡迎詞，說得簡潔有力，但總是不清晰，這是服務員常有的通病。武宜卉看到牆上的促銷廣告，買新產品貝果麵包指定飲品半價優惠，「KK以前沒有貝果產品，還蠻適合董事會點心，可以嘗試看看。」

　　武宜卉隨口問著：「買新產品貝果，有哪些指定飲料半價優惠？」服務員牛涵伊拿出印製好的DM，「這是目錄，請參考，請問小姐要點哪個飲料？」

　　武宜卉瀏覽一會兒，順口說出：「我只要貝果不要飲品，我先訂三十個，週二早上八點來拿可以嗎？」武宜卉公司有水的產品，董事會通常都搭配公司飲料使用。牛涵伊不耐煩武宜卉的慢動作，口氣欠佳的問：「妳要哪幾種口味的貝果？」

　　有感覺服務員不舒服的態度，武宜卉心想「我要買很多，而產品這麼多樣，總得讓我想想如何點餐，這小女生還有成長空間。」仔細看著DM評估的說：「我要鮪魚沙拉、牛肉沙拉、豬肉沙拉各十個。」

213

武宜卉結帳的同時朋友到達，看到有飲品半價的優惠，直呼賺到了，兩人達成默契下午只喝飲料，不吃點心，留著晚餐再多吃一點。武宜卉詢問著：「小姐，能不能用我剛訂的貝果給我兩杯半價的飲料？」

帳單已經打了一半，牛涵伊更將不悅的態度展現在她的臉上與手上，有點傲慢的問：「當然可以，要什麼飲料？」武宜卉：「給我們熱水果茶，冰柚子茶，謝謝妳。」牛涵伊接過現金，用力打著結帳機，花了點功夫修正原來的訂購單。牛涵伊結完帳單，轉身後悔如此應對客人，自己實在不應該，便寫上紙條誠實道歉，「小姐對不起，**剛剛有得罪的地方請見諒，因為心情不好，做出不禮貌的行為，敬請原諒，小伊謝謝您。**」送上飲料同時遞上紙條，對著武宜卉輕輕說上一句：「謝謝，請慢用。」

武宜卉看了紙條會心一笑，在紙條背面寫上「**小伊，妳很棒，小小年紀就這麼懂事，將來無可限量，我也有需要修正的地方，一起加油。**」不等著離開便將紙條遞回給牛涵伊。武宜卉與朋友離去時，牛涵伊面帶微笑，字正腔圓大聲的說：「謝謝光臨，請慢走。」

溝通密碼

　　職場上若有疏忽犯錯，承認、道歉是有必要的作為，這樣可以展現你的氣度與風範，也是承認自己之不足，同時是告訴別人自己需要學習成長的地方。

溝通
小訣竅

　　牛涵伊知道自己行為不當，勇敢的道歉並書面說明，「剛剛有得罪的地方請見諒，因為心情不好，做出不禮貌的行為，敬請原諒」值得大家學習。

　　而武宜卉看了紙條隨手寫上「妳很棒，小小年紀就這麼懂事，將來無可限量，我也有需要修正的地方，一起加油」，立即將紙條遞回，表示接受原諒，並不忘鼓勵年輕人。

財經雲 14

出　版　者／雲國際出版社

作　　　者／葉瑋群

總　編　輯／張朝雄

封面設計／艾葳

排版美編／YangChwen

內文插畫／金城妹子

出版經紀／廖翊君

內文校對／李韻如

出版年度／2014年4月

從**職場勝出**的
AS A WINNER IN
MY CAREER
100句話

郵撥帳號／50017206 采舍國際有限公司
　　　（郵撥購買，請另付一成郵資）

台灣出版中心

地址／新北市中和區中山路2段366巷10號10樓

北京出版中心

地址／北京市大興區棗園北首邑上城40號樓2單
　　　元709室

電話／（02）2248-7896

傳真／（02）2248-7758

全球華文市場總代理／采舍國際

地址／新北市中和區中山路2段366巷10號

電話／（02）8245-8786

傳真／（02）8245-8718

全系列書系特約展示／新絲路網路書店

地址／新北市中和區中山路2段366巷10號

電話／（02）8245-9896

網址／www.silkbook.com

從職場勝出的100句話/ 葉瑋群著. 初版.
-- 新北市：雲國際, 2014.04

面； 公分

ISBN 978-986-271-475-1（平裝）

1.職場成功法 2.說話藝術

494.35　　　　　103000891